世界最強企業の秘密が「丸ごと」わかる

トヨタ語の事典

柴田 誠

日本実業出版社

はじめに

トヨタ語を知らずして、トヨタで仕事はできない

　バブルが弾けた後の日本経済は低迷を続け、多くの企業が業績悪化に苦しんでいる。絶対的な強さを誇ると思われていたソニーまでも、2002年度第4四半期決算（連結ベース）では大幅な赤字に陥ってしまった。このような環境の中で、連結ベースで1兆円を超える利益をあげ、好業績を続けるトヨタ自動車とそのグループ企業は、まさに日本を代表する企業として、日本経済を牽引しているといっても過言ではない。

　トヨタと取引関係にある会社に入社した筆者は、10年間の東京勤務を経た後、トヨタ担当を命じられ、愛知県に赴任した。それから10年、トヨタ担当として毎日トヨタを訪問する日々を過ごし、幸運にも自社の業績に寄与できている。この間、トヨタのカルチャーにすっかり染まり、今ではさしたる疑問も持たずにトヨタ独特の「トヨタ語」なるものを口にしているが、担当になった1年目は、「号口（ごうぐち）」という基本用語さえよくわからずに、お茶を濁して過ごしていたこともあった。

　「トヨタ語」はトヨタの企業文化の中にすっかり根づき、企業活動、取引活動の様々な場面で日々使われている。しかし、その内容はまとめ上げられておらず、個々の取引企業が関係する分野での用語集を独自に作って対応しているのが現実だ。トヨタに関わる人々にとって、この独特の「トヨタ語」に頭を悩ませたのは、一度や二度ではないはずだ。

今回、この「トヨタ語」を取りまとめてみたいと考えたきっかけは、昨年、転職してきた部下ができたことだった。トヨタへの営業についての教育を行なう中、これは困ったぞと思ったのだ。体系的にトヨタ語をまとめたものがない上に、日々の仕事を通じて身につけたトヨタ語の知識が本当に正しいものかどうか、あらためて考えてみると不確かな点も多かったからである。

　多大な収益をあげているトヨタとは多くの会社が取引を望み、また毎日のように打合せや提案・交渉が社内のいたるところで行なわれている。トヨタの強さや生産方式に関する書籍は多数出ているが、トヨタと仕事上関わる人々にとって本当に必要とされるのは、トヨタの中で使われるトヨタ語の正しい認識であり、そこで使われている言葉の解説だと思う。先に述べたように、多くの取引先が、トヨタ内で使われている社内独特の略称や用語に戸惑いを持ちながら、方々にその意味を聞いて、用語の理解をしているのが現状だからである。

　トヨタと筆者を含む取引先数社が同席した会議でのことだ。他社の新任担当者がトヨタの担当者から会議の終わりに「今日の内容を展開しておいてください」と言われたのだが、彼は"展開"の意味を理解できず、関係先に会議内容・決まったことの連絡をせずに次回の会議に出席したということがあった。"展開"とは「伝える」という意味のトヨタ独特の用語でもある。この例からもわかるように、トヨタに関係するすべての人にとって、トヨタ語の共通理解はお互いのスムーズな業務の遂行のためにも欠かせないものなのである。

　本書は、主にトヨタに関わっている企業もしくはこれから関わっ

ていこうとされている担当者の方々、トヨタもしくはトヨタの関係先に就職を希望する学生の方向けに書いたものである。それぞれの用語がより関連性を持って理解できるよう、各章の中で関連する用語をできるだけまとめて収録するように努めたつもりである。本書の内容が、トヨタと取引を進めていく担当者方々の切実な悩みと無駄な時間を少しでも排除することに役立ち、トヨタを知る手助けになれば幸いである。また、数々の用語から、トヨタの強さの一端が見えてくるようになれば、という想いも込めている。

　最後になったが、本書をまとめるにあたり、トヨタや同業者の方々より多くのアドバイスやコメント、自らの経験や情報を提供していただいた。その中には筆者自身も知らなかった内容も多々含まれており、筆者自身の知識の再整理に役立った部分も少なくなかった。また、出版に際しては、出版社の担当者から多くのアドバイスをいただいた。お世話になった皆様にこの場を借りてお礼申し上げます。

2003年8月

柴田　誠

世界最強企業の秘密が「丸ごと」わかる
● トヨタ語の事典 ● 目次

はじめに──トヨタ語を知らずして、トヨタで仕事はできない

第1章 トヨタを知る「トヨタ語」

トヨタ・カルチャーの"基本中の基本語"／8
- ◆トヨタのDNA …………………………………………………11
- ◆トヨタ語の基本ABC …………………………………………15
- ◆トヨタの新・旧憲法 ……………………………………………27

第2章 モノづくり・人づくりの「トヨタ語」

進化を続けるトヨタのモノづくり／34
- ◆トヨタの生産工程を知る ………………………………………37
- ◆トヨタ生産方式を支える用語 …………………………………49
- ◆生産現場で使われる基礎用語 …………………………………60
- ◆生産からの人づくり ……………………………………………83
- ◆グローバルを見据えた新しい取組み …………………………87
- ◆生産におけるアプリケーション・システム …………………93

第3章 "販売のTOYOTA"の「トヨタ語」

突出した販売力でNo.1を驀進／108
- ◆販売の仕組みと思想 …………………………………………111
- ◆販売のアプリケーション・システム ……………………124
- ◆トヨタの代表的車種 ………………………………………130

第4章 組織としての「トヨタ語」

"グループ"として独特の結束力と強さを誇る／146
- ◆トヨタおよび子会社、文化施設等 ………………………149
- ◆トヨタグループ他 …………………………………………156
- ◆トヨタ内の組織 ……………………………………………165
- ◆トヨタの役職・職種名 ……………………………………172
- ◆国内の製造拠点 ……………………………………………174

第5章 グローバル・トヨタの「トヨタ語」

各地域の特色を考えたグローバル展開／178
- ◆海外の主要拠点 ……………………………………………181
- ◆北米：生産拠点 ……………………………………………190
- ◆北米：その他の拠点 ………………………………………194

- ◆中南米：生産拠点 …………………………………………196
- ◆中南米：その他の拠点 ……………………………………198
- ◆欧州：統括・生産拠点 ……………………………………201
- ◆欧州：その他の拠点 ………………………………………204
- ◆アフリカ：統括・生産拠点 ………………………………212
- ◆アフリカ：その他の拠点 …………………………………213
- ◆オセアニア・アジア・中近東：生産拠点 ………………218
- ◆オセアニア・アジア・中近東：その他の拠点 …………227

● 巻末付録

トヨタの歴史　236／　トヨタの歴代社長　238
生産工程の概要　239／　トヨタグループ一覧　243
トヨタグループの海外拠点の略称　244
トヨタを知るためのトップたちの語録　246

● 索引　248

カバー装丁■ROVARIS
本文組版・図版■ダーツ

第1章

トヨタを知る「トヨタ語」

トヨタのDNA
トヨタ語の基本ABC
トヨタの新・旧憲法

トヨタ・カルチャーの"基本中の基本語"

● **トヨタの思想、鉄則、行動原理を読み取るカギ**

「トヨタはモノづくりの会社」と言われてきた。事実、愚直なまでにモノづくりを追究し、それを通じて人の知恵を引き出してきた。

トヨタを知るということは、まず何よりも、基本にある"生産における考え方"を知ることだろう。生産について使われるトヨタ独特の言葉には、トヨタの思想、鉄則、行動原理が凝縮されている。そこから、トヨタがなぜ最強企業であり続けるのか、その要因を垣間見ることができる。

トヨタ生産方式は「ジャスト・イン・タイム」と「**自働化（にんべんのついた自働化）**」の2つを柱としている。この2つをスムーズに動かしていく手段として「**かんばん**」がある。

トヨタの組立工場を実際に見学すると、その特徴をいくつか見ることができる。部品を入れた棚が並び、これらの部品がジャスト・イン・タイムで運ばれてきている。ジャスト・イン・タイムは、後工程から逆算して考えるのが原則だ。生産計画に沿って"何時までに何台の生産が必要であるか"をもとに、それぞれのラインに"いつどの部品が必要か"を、モノの流れに沿って逆から計算し、部品が運ばれてきている。これを実現する手段として、かんばんを使っている。

● **機械に人間の知恵を加える工夫**

一方「自働化」とは、機械による自動生産を意味するものではない。"にんべん"をつけることによって、機械に人間の知恵を付与

し、不良品を作らないようにした"工夫"のことをいう。

　この自働化に基づいた道具に「**あんどん**」がある。あんどんは、ラインに何か問題が起こった際、不良品を後工程に送らないように作業者が自らラインを止められるようにしたものだ。生産ラインに沿ってひもが張られており、不具合を見つけた作業者がこのひもを引っ張ると、ラインの天井部分にあるあんどんに問題箇所の数字が光り、ラインが止まる。ラインを止めることで、現場を見て何が悪いのかを確認して、そこをすぐに直す——。

　このあんどんも、ラインを止めて確認することも、「**見える化**」と呼ばれるトヨタの基本的考え方の1つである。誰にでも見え、わかるようにすることで、「**カイゼン**」を促していく効果もある。

●取引先も一体となったカイゼン活動

　コストのカイゼン、すなわち原価低減活動も、トヨタでは重要な取組みの1つである。

　従来、コストのカイゼンにおいては、たとえば前回のモデルチェンジと比べてどのくらいコストが削減できたかを、車両軸で比べる方法が採られていた。「**EQ活動**」は、カローラの総原価低減活動としてスタートし、他のクルマにも広げられていった。

　これをさらに発展させて、部品1つひとつから洗い出してコスト削減を図る「**CCC21**」というプロジェクトも進められた。CCC21は、グループ会社も取り込んだ総原価低減活動だ。

　CCC21では、設計段階までさかのぼって、設計・開発から調達部品に至るまで、部品メーカーの関連部署とも協力しながら、どうすればよりコスト削減が可能かに知恵を絞っていく。これに基づき、部品メーカーと一緒になって共同で部品を作りこんでいった。この部

品メーカーとの共同による同期開発が「**SE**」活動であり、これはまた部品メーカーから見て、「トヨタがこのようにしてくれたら、よりコストを削減できる」という提案をしていく場にもなっている。

　トヨタの取引先には、トヨタから一方的に言われたことをやるだけという姿勢を求められてはいない。自ら積極的に提案し、トヨタと一緒に作りこんでいくという姿勢が望まれている。トヨタに相談を持ちかけ、アイデアを出し、提案という形で持ち込んで、どのようにすればお互いが良い関係でより良いものを作り出していけるか——これが重要とされている。その結果として生まれた利益を双方で分け合うことが基本であり、これがお互いの役割をまっとうすることになっていくのである。

　第1章では、トヨタの全体像および基本的な考え方を知ることのできる「基本中の基本としてのトヨタ語」を厳選した。ここにある考え方は、生産現場だけにとどまらず、物流・販売・管理といったトヨタに関連するすべての企業活動全般に活かされている。

第1章 トヨタを知る「トヨタ語」

● トヨタのDNA

トヨタ生産方式
とよたせいさんほうしき

TPS（Toyota Production System）

――モノづくりの基本原理として――

　トヨタ自動車の創業者・豊田喜一郎氏に発する、"モノづくり"の基本原理でもある。トヨタ生産方式は「多種少量生産」という日本特有の市場の要請から生まれたもの。高度成長期の大量生産から多種少量生産に変わる中、ムダを徹底的に排除して、生産効率を上げていくように考え、これによってコスト競争力を持たせるようにしたものだ。たとえば生産性向上では、1人が1つの役割で作業を受け持つアメリカ的スタイルではなく、多能工として多工程を受け持つことで省人化を図るのがポイントである。

　トヨタ生産方式とは、このような「作り方の基本原理」であり、よく同意語としてとらえられている**かんばん方式**は「管理の方式」である。かんばんを使って生産を行なうためには、流れるように作ることが基本となる。かんばんによって必要な量を必要な時に引き取るためには、前工程でも同じように生産の流れる仕組みができていないといけない。だから、かんばんはあくまでジャスト・イン・タイムを実現していく道具でしかない。

　なお、トヨタ生産方式が「作り方の基本原理」といっても、そこに"決まった作り方"があるわけではない。カイゼンによって日々進化し、良いものを安く早くユーザーに届けるために、生産から物流までを突き詰めて作り上げていくものである。変わっていくのが当たり前として変化しつづけているのも、トヨタ生産方式の1つの特徴である。

　トヨタ生産方式の基本となっているのが**ジャスト・イン・タイム**

と**自働化**である。

ジャスト・イン・タイム

じゃすと・いん・たいむ

JIT (Just In Time)

―― 喜一郎氏の発案から ――

トヨタ自動車創業者の豊田喜一郎氏の発案とされ、"必要なもの"を"必要なとき"に"必要なだけ"手に入れれば、生産現場のムラ・ムリ・ムダがなくなり、生産効率が上がるという考え方に基づいた、トヨタ生産方式の2つの柱のうちの1つ。標準生産を前提とし、「**後工程引取り**」「**工程の流れ化**」「**必要数でタクトを決める**」の3つを基本原則とする。

この方式は、一般的な生産方式(大量生産方式)とは異なり、「必要なものを、必要なときに、必要なだけ」生産現場のラインに届け、流れ作業の中で余分なものを持たない、余分なものを作らない、ことを基本とした生産・運搬の仕組みである。この流れ作業を実現する手段として、情報伝達と生産指示書の役割を果たす**かんばん**がある。また、流れる作業を実現するためには生産ができる限

◉トヨタ生産方式(TPS)の2本の柱

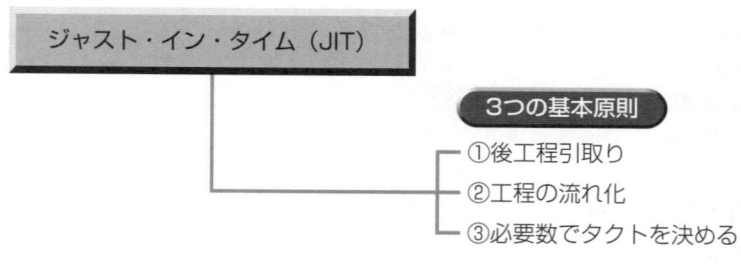

平準化されている必要があり、仕事の**標準作業**が決められていることが必要になる。

　一部に、ジャスト・イン・タイムによって、トラックによる部品の搬送回数が増え、そのため環境問題を引き起こしている、道路を倉庫代わりに使うことで交通渋滞の要因になっている——といった指摘がされたこともあったが、これは間違い。第一、少量の部品だけを繰り返しトヨタの工場に運ぶといったことは非効率であり、ミルクラン方式で各工場から順番に部品を積み込んで届けるなど、効率性は輸送面でも発揮されている。

　　※ミルクラン：アメリカで昔、牛乳集配（ミルクラン）を効率的に行なうため、1台の集配車が順番に回った集配方法に由来する。この方法を各部品工場からの部品集配に取り入れて、いまや日本だけでなく海外でも行なわれている。

　　なお、米国のように部品メーカーが全国に散らばって、順番に集配するミルクラン方式で効率化ができない場合は、「クロスドック方式」という方法で対応している。クロスドック方式は、集配場を作り、ここに各部品メーカーが部品を持ち込んでから生産拠点別に取りまとめて配送する方法である。

自働化（にんべんのついた自働化）　にんべんのついたじどうか
Jidoka

　　　　　　　　　　　　　　　　　　　　人間の知恵を軸に——

　トヨタ生産方式の基本思想を、ジャスト・イン・タイムとともに支える2本柱の1つ。トヨタ自動車元副社長で「かんばん方式」の生みの親とされる大野耐一氏の造語。「自動化」とはせずに、あえて「自働化」と記すところが"トヨタイズム"である。その意味は、単純な機械化（自動化）ではなく、「人間の知恵を付与することで、不良品を生産しない」ということ。

　トヨタ自動車の前身である豊田自動織機では、織機の縦糸や横糸

が切れたりなくなったりしたとき、機械が自動的に止まる仕組みになっていた。つまり、機械に不具合を判断させる装置が組み込まれていたわけで、ここから発想されたものである。

　トヨタではこの考えを機械だけでなく、人間の入っているラインにも拡大して、「何か問題があれば作業者自身の判断で機械を止め、問題の原因を徹底的に調べる」こととした。機械が止まり、ラインが止まることで、異常を自動的に確認でき、その場限りの解決には終わらせず、「なぜそういう問題が起きたのか」を追究する。こうした姿勢が問題の顕在化を促し、さらなる改善を重ねる土台となっていったのである。

　こうした「自働化」は管理面でも威力を発揮し、1人が何台もの機械を受け持つこと（**多能工**）を可能にした。1人が何台もの機械を受け持つことができれば、これによって**省人化**を進めることができ、生産効率が飛躍的に上がることになる。また、不良品を後工程に流すことなくその場で治していくことによって、品質の作りこみが生産ラインの上でできるようになった。それまでは完成車両の品質管理を別途、生産後に行なっていたため一定水準の作り直しが必ず発生していたが、自働化によってそのようなムダも排除できるようになった。

トヨタ語の基本ABC

かんばん（方式）

かんばん

Kanban

「作りすぎのムダ」は最悪のムダ

　機械工場長などを経て副社長を務めた大野耐一氏が提唱した効率生産の方式。かんばんは、生産作業指示票であり運搬指示情報でもある。後工程が前工程に部品を発注するときに使う、長方形のビニール袋に入った紙のこと（次ページの図参照）。

　具体的には、後工程が前工程に必要なものを、必要なとき、必要なだけ引き取るため、もしくは製造指示情報として使う。トヨタがサプライヤーに取りに行く（部品メーカーがトヨタに納める）部品の入ったケースにかんばんが付いており、このかんばんには、いつ（何時何分）、どこに（工場名）、何に（どの車種に）、といった必要情報が記載されている。

　「作りすぎのムダ」は最悪のムダ──が、その基本で、かんばんは、単に生産・運搬の指示としてだけでなく、作りすぎの抑制や工程の遅れ進みの検知といった"目で見る管理"の道具として、さらには工程・作業改善の道具としての役割もある。

　かんばんは、大きく**仕掛かんばん**と**引取りかんばん**に分類することができ、さらに「仕掛かんばん」は「工程内かんばん」と「信号かんばん」に、「引取りかんばん」は「工程間引取りかんばん（運搬かんばん）」と「外注部品納入かんばん（外注かんばん）」に分類することができる。近年、かんばんも「**e-かんばん**」として電子化への取組みがなされ、システムとしてジャスト・イン・タイムのレベルアップが図られている。

　なお、かんばんは「カンバン」や「看板」とは書かず、ひらがな

で「かんばん」と書くのが正式である。

●JITを実現するための道具「かんばん」

かんばんの分類

かんばん	仕掛かんばん	工程内かんばん
		信号かんばん
	引取りかんばん	工程間引取りかんばん（運搬かんばん）
		外注部品納入かんばん（外注かんばん）

かんばんとはこんなもの

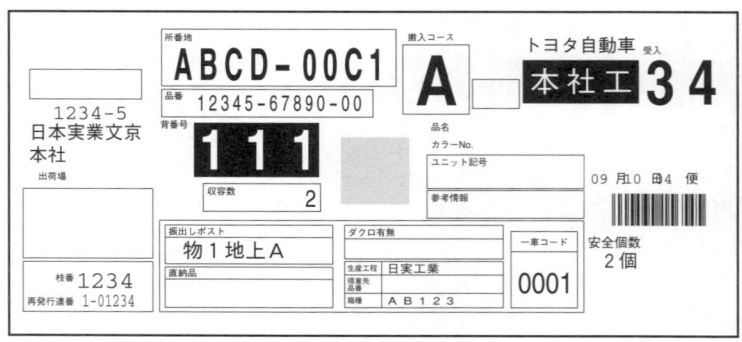

あんどん

あんどん

Andon

―― 目先の効率より問題発見 ――

　生産ラインのストップを知らせるラインの天井部分にある情報表示板のこと。生産ラインに沿ってひもが張られており、ラインに異常があるとき、作業者がこのひもを引っ張ると、黄色や赤色が点灯し、異常を知らせる。これによって関係者へのアクションを促す。生産現場での**目で見る**管理の代表。

通常の運転中は緑色であるが、作業者がラインの遅れから助けを呼ぶときには黄色が点灯し、異常を直すためにラインを止める必要があると赤色が点灯する。

一般的には、ラインを止めることは生産効率を落とすため悪とされてきたが、それでは問題点があっても解決されないままになってしまう。トヨタでは反対に、積極的にラインを止めることを良しとされ、異常を徹底的に排除させる。

◉ラインを止めるための「あんどん」

見える化

みえるか

Mieruka（Visual Control）

個人プレーから組織プレーへ

個人活動ではなく、組織活動と情報共有を基本とするトヨタイズムの根幹として、トヨタでは必須となっている考え方である。

個人用ファイルや人の頭の中にあるため他の人からは見ることが

できないものを、外部から見える形にすること。たとえば、プロジェクトの取り組み内容・計画・状況・結果等が参加者全員に見えれば、さらなる問題点や対策方向がわかるようになる。可視化することであり、管理においても見えるようにすることで、問題があったときにだれでも気がつくことが求められている。

「見える化」は様々な場面で使われている。たとえば生産においては、「**目で見る管理**」といい、生産現場では個人の能力が星取表によって一目瞭然にされ、これから取り組むべき能力開発も管理できるようになっている。

プロジェクトの進捗などにおいては、進捗表をもとに各項目の進捗具合を一目でわかるようにし、共通認識を持てるようにすることで、問題の所在やアクションプランを確認しあい、実行を促していく。

生産現場では、徹底した「**現場の見える化**」で問題点を明確にし、「**原価の見える化**」でそれを指標化して、改善へとつなげることが重要である。

「現場の見える化」では問題点を明確にし、それを指標化し改善へとつなげることが重要。たとえ原価が見えても「現場が見えない」と、どこに手を打てばいいのかわからない。その結果として、改善にはつながらないからである。

「原価の見える化」では、社内で原価をガラス張りにし、コスト削減の基準を明示することによって、カイゼン活動により原価低減を促進していく。

カイゼン

かいぜん

Kaizen

何万もの目で探すムダ

トヨタの凄みは、何万人もの社員が"問題解決中毒"の状態になっていること、と言われることがある。常に現状に満足せず、より

良いものを絶えず追求していく姿勢であり、また、より良く変えようとする意思を表している。どんな小さなムダでも、それを省くことを積み重ねることにより、大きな生産効率・効果、ひいては原価低減につながる。たとえば、ある生産ラインで腰をかがめて作業をしている部分があり、それが作業者の作業環境を悪くしているということであれば、作業場所の地面を低くするといったことを行ない、作業環境をカイゼンする。なお、カイゼンするためには、正常な状態（基準）が定まっていることが前提にある。

カイゼンによる生産効率の向上とは、効率を上げるために最新機器を購入したりすることではない。お金で解決しようとするのではなく、個々人がムダに気づき、知恵を絞っていくことこそ重要とされる。その結果、たとえば長年カイゼンを重ねて使いやすくした機器は、減価償却も終わっているため、利益を生む源泉になる、という考えである。

トヨタのカイゼン活動は、「乾いた雑巾をしぼる」という言葉でも表現される。それは、カイゼンによりトヨタの高い品質信頼性を保ち、きめ細かくムダを省いて効率性を高めた上に、さらにその状態を基準として、そこからさらなるカイゼンを実施していく、という永続性を意味している。つまり、カイゼンに終わりはない。

トヨタウェイ2001では、カイゼン（Kaizen）を、「Challenge」「Genchi Genbutsu」「Respect」「Teamwork」と並ぶ5つの行動原則の1つに位置づけており、「常に進化、革新を追求し、絶え間無く改善に取り組む」として、「改善、革新の追求」、「リーンなシステムの構築」、「組織的学習の徹底」の3項目で明文化している。

EQ活動

いーきゅう・かつどう

EQ Activity

徹底したカイカク

EQ活動とは、カローラの型式を示すE、およびExcellentとQualityから名づけられたカローラの総原価低減活動のこと。その活動を他のクルマにも**横展**（Yokoten）する活動がEQ-Y活動である。

EQ活動は、「改革」を「継続」して推進することを目指して、トップから現場まで切磋琢磨し学習しながら進めていく活動である。改革とは、まず"根本的にどうありたいか"を徹底的に突き詰め、それに向かって方策を練り上げていくことで、どこまでも良いものに変えていく改善（カイゼン）とは異なる。

そのポイントは、徹底的に改革実現を追求し、早く実効を上げるために、「すぐやる、早くやる、できるまでとことんやる、きちんとやる」ことにある。

CCC21　　しーしーしー２１

Construction of Cost Competitiveness 21 （Century）
競争力No.1のために

21世紀のクルマづくりを目指そうという思想から、国際競争力No.1の実現を目標に、過去のしがらみにとらわれず、エアコンやオートマチック・トランスミッション、オーディオなど主要部品173品目にわたって進められた総原価低減活動。トヨタの技術・生技（生産技術）／生産・調達と仕入先が一体となって進めたプロジェクトで、具体的には総原価の30％を低減することを掲げた。2000年7月より開始し、品目ごとに競争力No.1を実現する目標を設定し、2003年末の達成を目指して導入された。

従来は、これまでの価格を元に比較してコスト削減していったが、CCC21では最初に各部品の基準価格を決めてからコストのカイゼンをしていった。

「全世界のお客様に、最も良く、最も安い車を、最も早くお届けすることで、社会に貢献」というトヨタの使命を、国際競争力No.1の製品づくりを通じて実現しようというのが、CCC21活動の狙い。いまや常に世界標準での競争力が求められる中、国際競争力No.1を

実現するために、過去のしがらみや常識にとらわれず、意識と活動の仕組みを根本から「早く、効率よく、質・精度の良い」ものに変えていく構造改革であった。

EQでは車両軸（カローラ）で開発から販売までの総原価低減活動を行ない、その手法を他車に展開してきたが、CCC21では品目軸で国際競争力No.1の目標に向けた総原価低減活動を行ない、その成果を用いて車両のコストダウンに結実させる、というように発想を転換したものであった。

なお、CCC21は2000年からの3年間で1兆円近い原価低減に成功し、2005年からは新たな原価低減活動「バリュー・イノベーション（VI）」が導入されている。

SE
えすいー

Simultaneous Engineering

やり直しのムダ排除

設計・生技・調達・仕入先等の関連部署と連携を密にし、同期開発をすること。これにより、やり直しのムダをなくすことが可能となる。一般に「SE」というとシステム・エンジニア（System Engineer）の略で使われるが、トヨタの場合、どちらの略語として使用しているかは注意が必要である。

≪トヨタにおけるSE活動の経緯≫

1994年くらいまでは車両問題の摘出は号試段階（試作車段階）が最も多く、型・設備の修正などやり直しのムダが多かった。試作車を見て、あるいは正式図を見てから、生技（生産技術）要件・製造要件を織り込んでもらうのも、やり直しのムダであった。企画→開発（設計）→試作→正式図→号試→号口の一連の業務に対し、生技工場の参画は試作段階からが主流であったが、もっと早い段階から参画

して、要望を図面に織り込んでもらう前出しで、やり直しのムダが少なくなってきた。

「部品のSE活動」は、開発・生準（生産準備）・リードタイムの短縮とやり直し仕事の低減を目標とし、質・量・コストの検討の同期化進行により原価低減を達成する活動である。開発の各ステップにおいて、設計技術情報、ソーシング情報をもとに、

① 現地仕入先のもつ、コスト情報、生産／製造技術、生準（生産準備）・品質管理能力から、適切な仕入先を設定（新規仕入先の発掘を含む）、調査することと、

② 仕入先要件（材料・工法・構造）を早期に引き出し、図面化する。

これらにより、目標原価の達成および、生準／立ち上がりトラブルの未然防止を図る。

「調達のSE活動」では、あるべき戦略的目標を掲げ、設計・生技・調達・サプライヤーが四位一体で、品質・コスト・技術について見直し、日本の高コスト構造を知恵と工夫で打破し、国際競争力No.1、コスト競争力No.1を目指す。

調達のSEを実施する手段として、プラットホームの共通化、新たなシステム化・モジュール化、現調（現地調達）率100％、部品の共通化／流用化などを活用。車両開発の初期段階（**CEイメージ**）において**調達OP**を作成し、技術・品質・仕入先候補・原価・仕入先生準能力等の情報整備をすることにより、**CE構想**に反映すべき内容を整理・提案する。併せて、これらの情報に基づき調達方針、プロジェクト別／品目別発注方針を立案し、戦略的目標を達成すべく、四位一体の活動を推進する。

真因

しんいん

True Factor

深掘りの精神

真因とは、文字通り「真の問題点」のことを指すが、トヨタでは「単純な原因や問題点に終わらせない」という意味を込めて使っている。

　問題が発生した場合、原因が何かということだけでなく、その本当の問題点は何であるかが重要となる。ミスの原因が見つかったとしても、実は、その「原因の先」にこそ真因が隠れているのではないかと考え、そのために「なぜ、なぜ、なぜ、なぜ、なぜ」と"なぜ"を5回繰り返して原因を掘り下げていく（深掘りをする）。それによって真因をつかみ、対策を講じていく。真因をつかんだら、次はそれに対して有効な手を打つこと、きちんとしたアクションを実施すること、がその目的になり、同じ問題を再発させないカイゼンになる。

「なぜ」を5回繰り返す
Five "Whys"

その先にHowが──

　トヨタでは、「なぜを5回繰り返せば真因がわかる」といわれている。繰り返し「なぜか」を問い詰めていくことによって、表面的な要因ではなく、真の要因つまり真因がわかる。真因がわかって初めて、どう対処すべきかもわかるということである。

　一般的な5W1Hは、だれが（Who）、何を（What）、いつまでに（When）、どこで（Where）、なぜ・どんな目的で（Why）、どうやるか（How）のことであるが、トヨタの5W1Hはまったく違う。5回のなぜ（Why）を行なうことによって、どうするか（How）がわかってくる、すなわち、

　「Why、Why、Why、Why、Why……How」
ということになる。

標準作業

ひょうじゅんさぎょう

Standardized Work

各"標準"を軸に

　一見、さほど変哲のない言葉のように見られがちだが、実は非常に重要なトヨタ語の1つである。

　ジャスト・イン・タイムの生産においては、各工程ごとに簡潔かつ明確に標準作業が定められている。この標準作業の3要素とは、

①1台もしくは1個を、何分何秒で作らなくてはいけないかの「**タクトタイム**」

②時間とともに作業を行なっていく順番が決められた「**作業順序**」

③作業を行なっていくために必要かつ最小限の工程仕掛品（しかかりひん）である「**標準手持ち**」

の3つである。

　標準作業における主役は、人と機械とモノであり、これらが有効かつ相互に組み合わさることで、初めて効率的な生産が可能となる。「標準作業」という言葉を聞くと、人が疎外され、機械に振り回されるといったイメージを持つ人もいるかもしれないが、決してそのようなものではない。

　こうした"標準"は生産以外においても定められており、たとえば事務業務の標準作業においては「何を、いつまでに、どうする」かを明確にする。これによって、業務のスムーズな運営が図れることになる。

横展

よこてん

Yokoten

事実は皆で共有する

　「よこてん」とは「横展開」の略。会議で決まった内容などを隣の部署など水平方向に伝えていき、同じように実施していくことを

指す。ある部署で良い事例ができると、それをノウハウ・成果として他部署にも同じように広げていくことで、トヨタ全体の果実としようとするものである。

ちなみに、横展に対して「縦展(たててん)」という言葉はない。

SMS
エスエムエス

Specification Management System

'03年からは新SMSへ

Specification Management System(部品表システム)の略称で、部品表等、設計情報を管理しているコンピュータ・システムのことをいう。主に号口(ごうぐち/大量生産)段階の基本情報を取り扱う。車両仕様、部品表のデータベースとして、設計、調達、原価など広い分野と関連し、トヨタで関わらないところはないといわれるほど、トヨタの核となっている。

基本情報としては、企画情報である「車両仕様情報」、その仕様情報をもとに設計で作り出される「品番情報部品表情報」、そして生産準備部門で作り出される「製造工程情報」、さらに設計変更情報等を取り扱っている。また、この基本情報を活用する多くの応用システムが開発されている。

SMSは1973年に完成したが、人や紙による情報伝達によって工数大(工数が多くかかること)やミスが発生してきたこと、各部門のシステムがバラバラになってきたことから、部品数削減や共用化促進に高い壁ができたこと、フルタイム稼働できず欧州等で利用に制限ができてしまっていたこと、古いプログラミング言語の使用によりシステムの維持が困難になってきたこと、などの問題があって、これを30年ぶりに「**新SMS**」として作り替える開発プロジェクトがスタートした。新SMSは2003年に稼動される。

SMSの略語はIT業界では一般的にSystem Management Server(分散システム集中管理サーバ)とされているが、トヨタではまっ

号口

ごうぐち

Gouguchi (Regular Production)

━━ 織機500丁に由来 ━━

　トヨタ自動車創業者の豊田喜一郎氏が自動織機の部品を500丁（ちょう）で「一号口（いちごうぐち）」と名づけたことに由来する言葉。トヨタでは、量産することや、市場で販売するようになった量産車を号口（ごうぐち）と呼んでいる。

　当初は文字通り、号口といえば「500丁作ること」を指していたが、いつのまにか「量産する」の意味に変わったと考えられる。「プレス機械の老朽化原因の設備不具合が発生したが、暫定対応にて号口稼動中」といった使い方をする。

　号口生産を行なうには、出荷品質を満足していること、工程整備を終え、作業方法や順序等が決まり、設備と人の量産体制が整っていること、部品供給形態物流が整備されていること、等が必要である。

号試

ごうし

Goushi (Pilot Production)

━━ 量産ラインでの試作車づくり ━━

　「ごうし」とは、号口試作（Pilot Production）の略。設計が終わり、試作品が完成して生産準備もほぼ整った後、試しに生産ライン上で号口と同様に試作車を作ること。つまり、手づくりの試作車ではなく、量産のライン上で試作車を作ることである。これに走行や耐久などの評価試験を行ない、量産しても大丈夫かどうかを見極める。この試作車両を作ることを「号試」と呼んでいる。

　昔は1つのモデルで2、3回くらいの号試があったが、現在は工数低減のため、通常1回とされている。

第1章　トヨタを知る「トヨタ語」

トヨタの新・旧憲法

豊田綱領
Toyota Kouryo

とよたこうりょう

始祖・佐吉翁の理念

　トヨタの始祖・豊田佐吉氏は、明治18年4月18日に公布されたわが国初の専売特許条例に刺激され、「国のために無から有を生み出そう」と発奮、それが発明の動機となって長い研究・事業生活に入った。その過程で佐吉氏が編み出した理念を、佐吉氏の死後、長男のトヨタ自動車創業者・豊田喜一郎氏らがまとめて明文化し「豊田綱領」を制定した。1935年10月30日制定とされ、下記5項目から成っている。

1. 上下一致　至誠業務に服し　産業報国の実を挙ぐべし
2. 研究と創造に心を致し　常に時流に先んずべし
3. 華美を戒め　質実剛健たるべし
4. 温情友愛の精神を発揮し　家庭的美風を作興すべし
5. 神仏を尊崇し　報恩感謝の生活を為すべし

トヨタ基本理念
Toyota Kihon Rinen

とよたきほんりねん

トヨタ憲法

　トヨタの憲法。「調和ある成長」を目指すトヨタの役員・社員のあるべき姿勢を示している。トヨタのみが儲かればよし、とするのではなく、社会・環境・世界経済・株主・取引先とともに成長していく考えが基本理念に込められている。1992年に制定され、1997年に改定された。改定においてはグローバル化が意識されたという。以下の7項目から成っている。

(1) 内外の法およびその精神を遵守し、オープンでフェアな企業活動を通じて、国際社会から信頼される企業市民をめざす

＜解説＞

▶高い倫理観を持ち、率先して公正かつ誠実な企業行動を実践し、国際社会から信頼される第一級の企業市民となることをめざす。

・トヨタに働く全ての人が、あらゆる場面で、法律・規則はもちろん、その精神を遵守したオープンでフェアな行動に努めるとともに、健全な職場環境をつくる。

・そのためにも、外部の意見に謙虚に耳を傾け、企業活動に反映していく。

▶経営の国際化に即して、国際人材の育成に力をいれる。

・世界各地の事業を通じて、トヨタの考え方を理解し、実践できる経営人材の育成に努め、また本社マネジメントへの登用を拡大する。

・各国、各地域の実情に柔軟に対応できる国際感覚と市民感覚を身につけた国際経営人材を育成していく。

(2) 各国、各地域の文化・慣習を尊重し、地域に根ざした企業活動を通じて、経済・社会の発展に貢献する

＜解説＞

▶各国、各地域の文化・慣習を理解、尊重し、現地の実情に応じた企業活動を展開することにより、産業・経済・社会の発展に貢献する。

・開発から生産・販売・サービスに至るすべての事業活動を極力現地化し、真の現地企業となることをめざす。

・そうした活動を通じ、技術の移転・現地人材の登用・雇用機会の拡大を推進し、併せて地域文化の振興と社会の健全な発展にも寄与する。

▶本社と現地事業体の役割分担を明確化し、各国、各地域の実情と

事業の成熟度に応じて権限・責任の委譲を進める。
▶海外事業体の独立採算と収益性確保に向けて、現地経営の支援を積極的に進める。

(3)クリーンで安全な商品の提供を使命とし、あらゆる企業活動を通じて、住みよい地球と豊かな社会づくりに取り組む
＜解説＞
▶環境問題と安全問題を最優先に考え、商品開発や生産・リサイクル活動等を展開する。
▶技術革新と基礎技術力の強化に努め、環境問題と安全問題に係わる技術の振興に寄与する。

(4)様々な分野での最先端技術の研究と開発に努め、世界中のお客様のご要望にお応えする魅力あふれる商品・サービスを提供する
＜解説＞
▶世界中のお客様の様々なご要望に幅広く応える、品質・価格ともに魅力ある商品・サービスを提供する。
・より多くの国々のお客様のご要望や用途を充たす自動車の開発を今後も進める。
・さらに、モビリティーの革新に向けて、夢のある商品開発をめざす。
▶そのために、広く世界に優れた技術を求め、世界最高レベルの技術を確立する。
・設計・開発から生産技術に至るまで、様々な技術分野でリーダーシップを発揮する。

(5)労使相互信頼・責任を基本に、個人の創造力とチームワークの強みを最大限に高める企業風土をつくる
＜解説＞

▶長年労使で築き上げた相互信頼、相互責任を基本に、多様な価値観と創造力を活かす企業風土づくりをめざす。
・集団の中でお互いが協力し合い仕事を進めていく日本的なチームワークの良さと欧米の良さである個人の創造性を重視する風土がうまく融和し、相乗効果によりさらに大きな成果を生み出す企業風土づくりをめざす。
・また能力と業績に基づいた国際的に通用する人事制度づくりを進める。
▶また自動車産業ひいては製造業全体の魅力向上に向けて努力していく。
・時代の変化を先取りする新しい仕事のやり方や生産システムを構築すると共に、仕入先・周辺産業も含めた、生産構造の変革をリードしていく。

(6) グローバルで革新的な経営により、社会との調和ある成長をめざす
＜解説＞
▶経営環境変化に対し、迅速かつ柔軟に対応できるグローバル経営を実現する。
▶トヨタをとりまく様々なステークホルダーズ（お客様、株主、取引先、従業員、地域社会等）との調和をはかり、社会とともに成長することをめざす。
▶また原価低減や生産性の向上により経営基盤を強化し、着実な成長を持続する。

(7) 開かれた取引関係を基本に、互いに研究と創造に努め、長期安定的な成長と共存共栄を実現する
＜解説＞
▶品質とコスト競争力の確保をめざして、国の内外を問わず、広く

世界に取引を拡大していく。
▶取引先と共に研究と創造に努め、技術・品質の優れた製品づくりにより、長期安定的な成長と共存共栄を実現する取引関係を構築する。

トヨタウェイ2001

とよたうぇい2001

Toyota Way 2001

実務版・憲法

トヨタ基本理念はトヨタの憲法的存在だが、その憲法の精神を企業活動の中でいかに実現するかという視点から、トヨタに働く人間としてどのような価値観を共有し、どのような行動を取るべきかを示したもの。

トヨタの中に受け継がれている経営上の信念・価値観を、誰の目にも見え、体系だって理解できるように整理・集約したもので、「**知恵と改善**」「**人間性尊重**」が2本の柱になっている。この2本柱の下、Challenge、Kaizen、Genchi Genbutsu、Respect、Teamworkの5つの項目が掲げられている。

トヨタは創業以来「より良いモノづくり」を追求することを通して社会貢献することを理念とし、それに基づいてトヨタ独自の信念や価値観、経営管理や実務遂行手法が編み出され、伝えられてきた。これらは暗黙知としてトヨタの構成員の意識の中にあったが、明文化されたものは少なかったため、常識的な考え方や手法でも論理的かつ体系的に理解されていない場合もあった。

トヨタが一地方企業として三河一帯にのみ存在し、トヨタの信念や価値観が誰にでも暗黙に伝わっていた時代は、それらをあえて明文化する必要もなかった。しかし、トヨタがグローバルに事業領域を発展し、言葉も人種も異なる多様な人々がトヨタの管理・運営に携わるようになってきた現在、その精神を共有していくことが必要不可欠となったきた。こうしてトヨタウェイとして明文化された。

● トヨタウェイ2001の概要

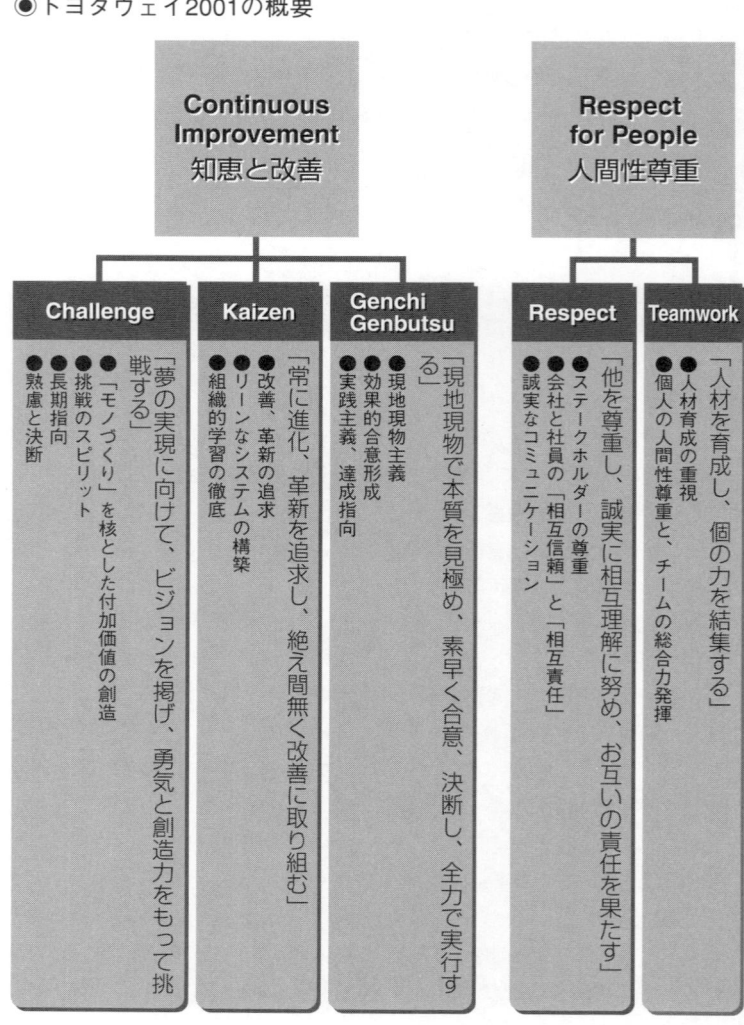

第2章

モノづくり・人づくりの「トヨタ語」

トヨタの生産工程を知る
トヨタ生産方式を支える用語
生産現場で使われる基礎用語
生産からの人づくり
グローバルを見据えた新しい取組み
生産におけるアプリケーション・システム

進化を続けるトヨタのモノづくり

●トヨタ生産方式の基本にある"人づくり"

　松下電器の創設者・松下幸之助氏は、かつて「松下では人をつくっておりますが、あわせて家電製品もつくっております」と言ったという。「松下＝人づくり」の評判が高いが、実は、トヨタ生産方式の基本も、"人づくり"にある。

　トヨタの生産ラインは「**少人化**」、すなわち人数を定員化せずに生産量に応じて対応できるようにするのが基本である。このためには、単純作業対応ではない、多能工による「**多工程持ち**」が必須であり、標準作業による効率の高い作業が求められる。

　これを実現するには、ムダをなくし、付加価値を生む作業に専念できる環境を整えることが課題となる。そのためにも、働いている人自身が様々なアイデアや提案を出すこと、工夫することが必要とされる。こうした多くのカイゼンを通して、個人の能力が最大限に発揮できる体制を作ろうとしている。

　トヨタには、数々の"人づくり"をサポートする施策が用意されている。たとえば、「**STRETCH**」（ストレッチ）のように、自らが個人の能力を高めていくことを支援をする仕組みが作られている。また、「**MAST**」（マスト）等を使うことによって組織として力を高めていく手法・環境も整えている。

　これらに加えて、「**3D活動**」に代表されるように、個々人の働く意識を変えていく施策も全社的に進められている。3D活動は、従来の"頑張ることが大事"という意識からの脱却を促すものだ。組織・指示／業務プロセスを見直すことで、より効率的な業務遂行を

可能にし、メリハリのきいた働き方を実現しようというものである。

●トヨタの生産工程とその略語

　トヨタの生産工程は略語で表されることが多い。トヨタの生産工程は、「プレス」「溶接」「塗装」「組立」「確認・調整」という5つの工程に大きく分けられる（付録の図を参照）。

　まずプレスでは、コイル状の鋼板を切断して、プレス機によってドアやボンネットなどのボデー部品（トヨタでは「ボディー」とは書かない）を作成する。この工程を、英語のPressの頭文字をとって「Ⓟ（マルピー）」と図面上に記載している。

　次は溶接で、英語のWeldingの頭文字をとった「Ⓦ（マルダブリュ）」と記載される。溶接工程では、プレスされた部品などを溶接してクルマの骨格を作る。

　次の塗装工程は日本語のTosouから「Ⓣ（マルティ）」と記載している。ここでは、溶接されたボデーに塗料を吹き付けたりして、色づけを行なう。アセンブリーと呼ばれる組立工程では、エンジンやタイヤ、シートなどクルマの部品の組付けが行なわれ、クルマが完成する。組立工程は英語のAssemblyの頭文字から「Ⓐ（マルエー）」と記載される。

　そして、アクセルやブレーキ、ライトや水漏れ等の検査を行なって、生産工程は完了する。

●世界統一基準を目指したカイゼン活動

　トヨタ生産方式に決まった形（＝完成形）はない。成長を続けていくための取組みが絶えず行なわれている。現在進められているのが、日本だけを念頭に置いたものではなく、世界規模での対応を目

指したカイゼン活動である。

　たとえば、「**IMVプロジェクト**」では、2004年に供給を始める世界戦略車の生産・調達体制のモデルケースとして、アジア地域で「**SCA**」(サプライ・チェーン・アクティビティ)を実施する。IMVプロジェクトは、アジア・南米・南アフリカで、ユーザーニーズに立脚した独自の量産車を展開していくものである。国をまたいだ生産を進めることになるため、これまで各国が独自に進めてきた地域個別のシステムに代わり、どこの地域でも利用できる同じシステムの構築が命題になる。その一貫として、「**新SMS**」等のアプリケーションへの作り替えが進められている。

　また、生産技術の面でも、車体溶接ラインの新しい生産技術の開発(海外生産工場でのメンテナンスが難しい「**FBL**＝フレキシブル・ボデー・ライン」に代わって、海外で使い勝手の良い「**GBL**＝グローバル・ボデー・ライン」の開発)等の取組みが見られる。

　トヨタのモノづくりは常に進化を続け、止まることはない。

トヨタの生産工程を知る

少人化　　　　　　　　　　　　　　　　しょうじんか

Flexible Manpower Line

　生産量が減少したら、それに見合うだけの少ない人数で生産すること。このためには、生産量に応じて1人が受け持つ範囲を変更できるように生産工程をレイアウトし、異なった工程も扱える技能員、つまり技能員を**多能工化**することが必要である。今まで7人で生産していたものを6人、あるいは5人で生産できるようにし、少ない人数でも生産ができるような設備・機械を、創意と工夫で作り出していくことである。元トヨタ自動車副社長・大野耐一氏が打ち出した方針。

多工程持ち　　　　　　　　　　　　　　たこうていもち

Multi-Process Handling

　完成に向かって工程が進む順に配列された機械設備の各作業を、1人の作業者がタクトタイム（1個あるいは1台を何分何秒で作らなければならないかという時間値のこと）に見合った分だけ複数工程を受け持つこと。たとえば、1人で4工程を担当したりすることをいう。「**縦持ち（たてもち）**」ともいう。

◉縦持ち（多工程持ち）と横持ち（多台持ち）

縦持ち	1人の作業者が複数の工程を受け持つこと
横持ち	1人の作業者が類似性のある複数台の機械を受け持つこと

ポカヨケ

ぽかよけ

Fool Proof（Pokayoke）

　品質不良の発生や機械設備の故障発生を防止するために異常の発生を防止したり、異常が発生したらラインを止めるための安価で信頼性の高い道具や工夫。①作業者のミスを防止したり、作業者のミスを発見し警告する仕組み、②品物に不具合があれば検知し、加工を始めない仕組みのこと。

　たとえば、加工機械に手を巻き込まれないよう、両手でスイッチを押さない限り、加工が始まらないようにする工夫等のことをいう。

FBL

えふびーえる

Flexible Body Line

　「フレキシブル・ボデー・ライン（Flexible Body Line）」の略称。多車種混流生産、切替シャットダウン期間の短縮、メインボデー精度の向上を実現するために開発されたボデー組付システムのこと。車体部品を上下左右前後から治具（じぐ）で持ち支えながら溶接ロボットで仮付けし、一緒に移動していく。各車種専用の治具パレット循環方式、メインボデー仮付1工程およびロボットによる完全無人ラインを特徴とする。

　この方式は、大量生産の工場向けに1986年に導入され、1個流しを実現していた。ただ、投資のかかるロボット溶接を前提としていることから少量生産には導入が難しい、大掛かりな設備を使うため保全作業が複雑で難しい、という2つの欠点があった。

GBL

じーびーえる

Global Body Line

　「グローバル・ボデー・ライン（Global Body Line）」の略称。トヨタの新型ボデーライン。FBLの欠点——投資のかかるロボット溶

第2章 モノづくり・人づくりの「トヨタ語」

接を前提としていて少量生産に向かないこと、設備が大掛かりなため治具などの保全作業が複雑であること——を克服するために開発された方法。海外工場での使い勝手を良くするニーズから出発した。

FBLに対し、GBLでは、内側から治具で車体部分を支えるため、手作業がしやすい上に、溶接ロボットで治具を気にすることなく効率的に溶接できる。1998年より本格導入され、海外を含めた大半の30生産拠点ですでに導入済みとなっている。

●FBLからGBLへ

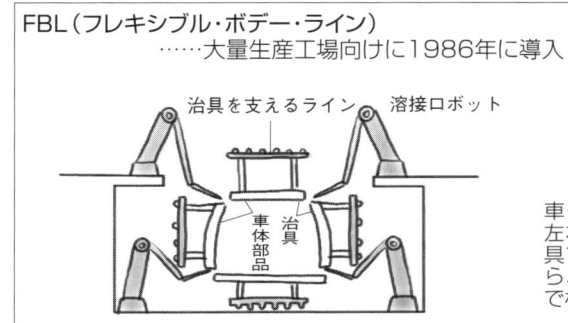

FBL（フレキシブル・ボデー・ライン）
……大量生産工場向けに1986年に導入

車体部品を上下、左右、前後から治具で持ち支えながら、溶接ロボットで板付けする。

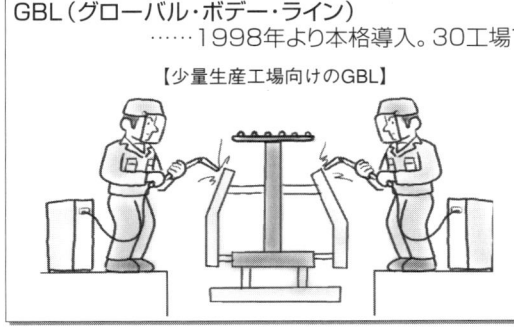

GBL（グローバル・ボデー・ライン）
……1998年より本格導入。30工場で導入済み

【少量生産工場向けのGBL】

内側から治具で車体部分を支える。外側が広く使えるので、手作業がしやすい

仕掛かんばん
しかけかんばん

Production Instruction Kanban

　生産工程で生産着手（仕掛け）指示に使うかんばん。工程内かんばんと信号かんばんの2種類がある。

工程内かんばん
こうていないかんばん

Inprocess Kanban

　工程内の仕掛け指示に用いるかんばんのこと。後工程に引き取られた量だけを、引き取った順に後補充生産するように仕掛けるために使う。

信号かんばん
しんごうかんばん

Signal Kanban

　段取り替えに時間がかかる多種類の品物を加工しているロット生産工程で、仕掛けに用いるかんばん。三角形をしていることから、「**三角かんばん**」とも呼ばれる。プレス工程、ダイキャスト工程、樹脂成形工程などで主に用いられる。

引取りかんばん
ひきとりかんばん

Pick-up Kanban

　後工程が、前工程へ部品を引き取りに行くタイミングと引取り量を指示するかんばん。工程間引取りかんばんと外注部品納入かんばんの2種類がある。

工程間引取りかんばん（運搬かんばん）
こうていかんひきとりかんばん

Inter-Process (Parts Withdrawal) Kanban

　トヨタ社内で、後工程が前工程から必要なものを引き取るために用いるかんばん。「**運搬かんばん**」とも呼ばれる。

外注部品納入かんばん（外注かんばん）　　がいちゅうぶひんのうにゅうかんばん

Supplier Kanban

仕入先から納入される部品に用いるかんばん。工程ではずれた分だけが納入されるため、基本的に後工程引き取りができる。「**外注かんばん**」とも呼ばれる。

臨時かんばん　　りんじかんばん

Extra Kanban (Diagonal Kanban)

通常生産分より多く必要とする部品の生産や運搬を指示するかんばん。型保全、機械設備の修理、そして稼働日の違いなどにより使用する。有効期限を明記し、1回だけ使用して回収する。赤色の斜線を入れて、通常のものと識別する。

かんばんサイクル　　かんばんさいくる

Kanban Cycle (Delivery Cycle)

部品の納入頻度とかんばんを持ち帰った便から、何回遅れで納入させるかを示す数字。「**納入サイクル**」や「**かんばん係数**」とも呼ばれる。

サイクルの表示は3つの数字（例：1－2－3）を使って表示される。1番目の数字で「1日に」、2番目の数字で「2回納入され」、3番目の数字で「3回遅れの便で納入」ということを示している。

省人化　　しょうじんか

Manpower Saving (Shojinka)

作業改善や設備改善により、人を1人単位で省くこと。これに対し、省人化できない状態であり、作業者が行なう人手作業の一部を単に機械に置き換えることを**省力化**（しょうりょくか：Labor Saving）という。

多回運搬　　　　　　　　　　　　　　　　たかいうんぱん

Frequent Conveyance

　部品単位で見た場合に運搬頻度を多くする運搬方法のこと。前後工程の在庫量を少なくするために行なう。

　運搬回数を多くして、車両の積載効率を低下させないようにするためには、混載運搬にして運搬回数を増やさないような配慮が必要となる。

定位置停止方式　　　　　　　　　　　ていいちていしほうしき

Fixed-Position Stop System

　コンベアラインで、作業遅れや品質トラブル等を発見したとき、職制呼び出しスイッチを押すと、すぐにコンベアが停止しないで、定められた位置まで進んでから停止するようにした仕組み。

定時不定量運搬　　　　　　　　　　ていじふていりょううんぱん

Schedule Time Unscheduled Quantity Conveyance

　定められた時間ごとに運搬する方法。一定時間内の消費量で運搬量が変わり、不安定である。運搬方法としては定量運搬のほうが望ましいが、遠隔地の場合には運行上の都合から、この方法を使っている。

定量不定時運搬　　　　　　　　　　ていりょうふていじうんぱん

Scheduled Quantity Unscheduled Time Conveyance

　後工程の部品の使用が一定量に達した時点で、前工程へ引き取りに行く方法。運搬効率がよく、工場内運搬の原則となっている。

乗り継ぎ運搬　　　　　　　　　　　　　　のりつぎうんぱん

Transfer Truck System

トラックの運搬作業と積み降ろし荷役作業を分離し、運転者は目的地へ運搬したら、積み込みや積み降ろしが終わったトラックに乗り換えて、すぐに運搬作業に入る方法のこと。

この方法は、荷役作業と運搬作業を並行して行なうことができ、物流リードタイムの短縮・在庫量低減が可能となる。少人数の運転手で多数台のトラックを使い、運搬の生産性も上がる。

ハイヤー方式　　　　　　　　　　　　　　　　　　　はいやーほうしき

On-Call Delivery

運搬専従者が、プレス品や鋳鍛造品などを1パレットずつ運搬する作業で使われる方式。集中管理板に運搬依頼情報を表示し、必要なものを1パレットだけ供給し、次の運搬指示を待つ方法である。

集中管理板に運搬依頼された情報を表示することで、情報の先入先出しが可能となり、仕事量に対する運搬者の過不足がわかることから、運搬作業の効率化を可能にする。

水すまし　　　　　　　　　　　　　　　　　　　　　みずすまし

Fixed-Course Pick-Up (Mizu-sumashi)

複数の前工程を指定順に巡回し、自工程の生産順序に必要な種類の部品を決められた数だけ集めて運搬する方法。

その動きを図にすると、あたかも水すましの動きであるかのように見えたことから、この名がついた。

Ⓐ　　　　　　　　　　　　　　　　　　　　　　　　まるえー

「マルエー」。英語のAssemblyからとった組立工程のこと。車両生産組立てに使う。

Ⓒ　　　　　　　　　　　　　　　　　　　　　　　　まるしー

「マルシー」。英語のCastingからとった鋳造工程のこと。溶かし

た金属を金型などに流して鋳物を作る工程である。カムシャフトやホイールなどが作られる。

Ⓕ　　　　　　　　　　　　　　　　　　　　　　　　　　　まるえふ

「マルエフ」。英語のForgingからとった鍛造工程のこと。金属材料を加熱などして変形させる工程で、タイミングギアなどが作られる。

Ⓘ　　　　　　　　　　　　　　　　　　　　　　　　　　　まるあい

「マルアイ」。アイディア選択会のこと。デザインの企画提案を上げる前に、絵にして事前に評価を行ない、モデルの方向性を決める。企画部署にて評価する。

Ⓚ　　　　　　　　　　　　　　　　　　　　　　　　　　　まるけー

「マルケー」。組付け（Kumituke）からとった機械組付工程のこと。ユニット組付けに使う。

Ⓜ　　　　　　　　　　　　　　　　　　　　　　　　　　　まるえむ

「マルエム」。英語のMachiningからとった機械加工工程のこと。

Ⓟ　　　　　　　　　　　　　　　　　　　　　　　　　　　まるぴー

「マルピー」。英語のPressからとった鋼板のプレス工程のこと。鉄鋼メーカーより納入された鋼板を、プレス機械で成形・切断加工して、ボデーパネルなどを作る工程である。工場の構成図にプレス工程の場所を占める印として、この略語が書かれる。

第2章 モノづくり・人づくりの「トヨタ語」

● 自動車の生産工程

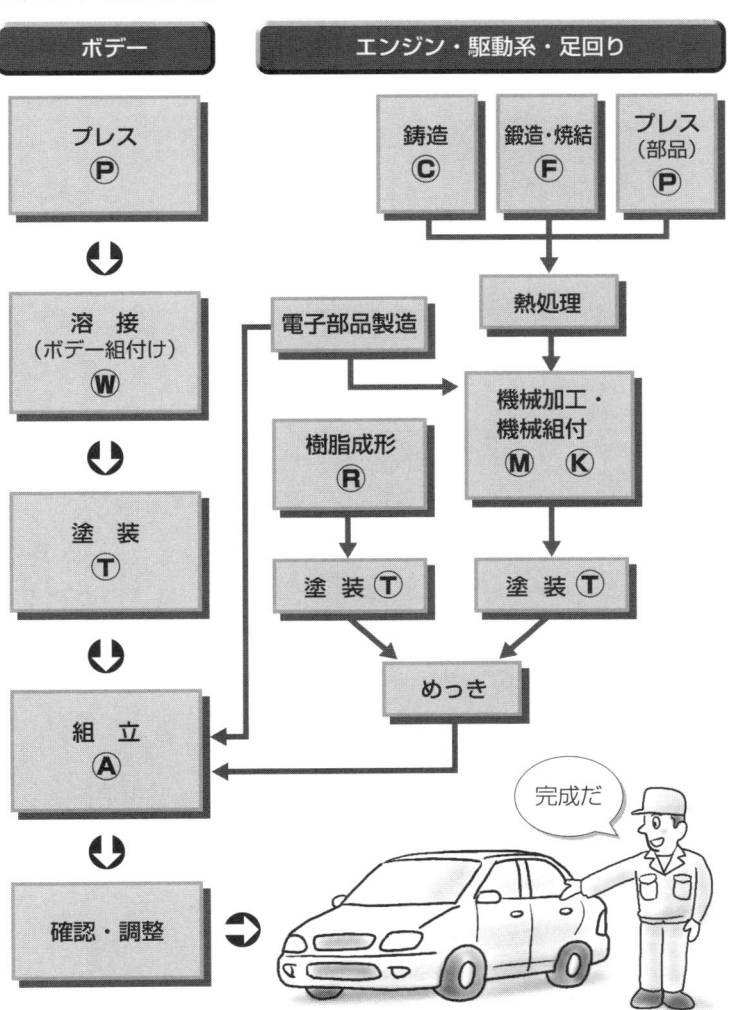

Ⓡ まるあーる

「マルアール」。英語のResinからとった成形樹脂工程のこと。合成樹脂は、加工性がよく、いろいろな加工方法で多くの自動車部品が製造されている。

Ⓣ まるてぃ

「マルティ」。塗装（Tosou）からとった塗装工程のこと。英語のPaintingからではマルPになりプレス工程と同じになるので、日本語の頭文字をとった。ボデーおよび部品に、塗装、シーリング、防錆処理を行なう工程である。

Ⓦ まるだぶりゅ

「マルダブリュ」。英語のWeldingからとった溶接工程（ボデー組付工程）のこと。たとえば、300のプレス部品を4,000点の溶接によってボデーに組み付ける工程である。

㋕ まるか

「マルカ」。改良の「カ」からこう呼ぶ。既存の車種において、不具合や法規制等へ対応する目的で、性能・機能主体で行なう改良のこと。マイナーチェンジよりさらに小規模な変更であり、原則的には内外装の意匠変更は行なわない。

ただ、1988年11月に意匠関係の小規模な変更が主体であるフェイスリフト（Face Lift：「マルフ」）が「マルカ」に統合されたため、意匠関係も含まれるようになった。

㋮ まるま

「マルマ」。Minor Change（マイナーチェンジ：部分改良）のこと。商品力を強化し、需要を喚起するため、モデルライフの中間で

モデルの一部分を改めるもの。意匠、ボデー、エンジン、トランスミッション、シャシー等の一部変更が多い。また同時に、新規ボデーバリエーション、エンジン、トランスミッション等が追加されることがある。

まるも

「マルモ」。Full Model Change（モデルチェンジ）のこと。すでに市場に導入されている車両の性能や機能の向上、各種規制への対応を目的として、外観スタイル、室内意匠、ボデー構造、エンジン、トランスミッション、シャシーその他の変更を行なうこと。ボデー、エンジン、足回り等の全面的な変更を行なう場合にいう。

まるしん

「マルシン」。New。新規市場を開拓するために、既存の車種系列にないまったく新しい車を開発すること。

儀装

ぎそう

Trim（トリム）工程のこと。塗装工程が完了したボデーに内外装部品（ワイパーハネス、インストルメントパネル等）を組み付ける工程。

品確車

ひんかくしゃ

「品質確認車」の略。号口（大量生産）車両のラインオフに先立ち、出荷品質を得るためにライン上で作るクルマ。

こう説明すると「号試と品確車はどう違う？」と疑問が出される。実は、号試とは試作車のことをいうのではなく、あくまでも試作車を作る段階のことを指し、号試で作られるクルマ（試作車）が品確車と呼ばれる。**号試車**ということもある。

1P
いちぴー

First Press Pre-production

　「いちピー」。プレス工程での１次号試のこと。「**１次号試プレス**」ともいう。号口に近い条件で製品を連続プレス加工し、プレス型や装置の機能、品質のチェックを目的としている。

1W
いちだぶりゅ

First Pilot Production

　「いちダブリュ」。ボデー溶接組付け工程（通称Ⓦ工程）の１次号試のこと。量産に適した設備機能やボデーの品質確保が主な目的である。

1A
いちぇー

First Assembly Pre-production

　「いちエー」。組立工場で行なう新型車の第１回目号試のこと。「**１次号試**」ともいう。組立ライン外で行なうオフライン方式と、組立ラインに流すインライン方式がある。

2W
にだぶりゅ

Second Pilot Production

　「にダブリュ」。ボデー溶接組付け工程における２次号試のこと。1Wで発生した不具合を修正し、号口への作り込みを行なう。

トヨタ生産方式を支える用語

後工程引取り
あとこうていひきとり

Pull System (of Production)

　ジャスト・イン・タイムに生産をするための3つの基本原則の1つ。あとの2つは「**工程の流れ化**」と「**必要数でタクトを決める**」である。

　後工程が、必要な時に必要なものを必要なだけ前工程から引き取り、前工程は引き取られた分だけ生産する仕組みをいう。

後補充生産
あとほじゅうせいさん

Fill-Up Production

　前工程が最小限のその工程の完成品在庫をもって、後工程に引き取られた分だけをその種類ごとに作って補充する方法のこと。

内段取り
うちだんどり

In-Line Set-Up

　「うちだんどり」。段取り替え作業のうち、生産ラインや機械設備の運転を止めなければできない、型、刃具、治具（じぐ）類の交換作業のこと。

外段取り
そとだんどり

Off-Line Set-Up

　「そとだんどり」。段取り替え作業のうち、生産ラインや機械設備の運転を止めないでできる、型、刃具、治具類の準備、後片付け等の作業のこと。

可動率
かどうりつ

Operational Availability

　「稼動率（次項）」ではなく「可動率」と書く。設備を動かしたいとき（かんばんが来たとき）に、いつでも動いてくれる状態をいう。可動率は常に100％が理想であり、そのためには設備の保全と段取り替えの時間短縮が重要である。

稼動率
かどうりつ

Rate of Operation

　ある機械を一定時間フル操業したときの、その能力に対する必要な需要の割合のこと。売れ行きによって稼動率は決まり、売れないと下がるし、注文が多いと上がる。

工程の流れ化
こうていのながれか

Continuous Flow Processing

　ジャスト・イン・タイム生産を実現するための３つの基本原則の１つ（あとの２つは「**後工程引取り**」と「**必要数でタクトを決める**」）。工程内や工程間での物の停滞をなくし、１個流し生産を実現させる。

サイクルタイム
さいくるたいむ

Cycle Time

　１人の作業者が、受け持ち工程で決められた作業手順で作業して、作業が一巡するのに必要な時間のこと。

作業順序
さぎょうじゅんじょ

Working Sequence

　ジャスト・イン・タイム生産において定められている、標準作業

の3要素の1つ。作業者が最も効率的に生産ができる作業の順序のこと。

作業標準　　　　　　　　　　　　　　　　　　さぎょうひょうじゅん

Work Standards

　標準作業を正しく現場で実施していくため、工程図、品質チェック標準、QC工程表や安全標準等の作業のやり方や条件を標準化したもの。「作業要領書」「作業指導書」「品質チェック要領書」「刃具取替え作業要領書」等がある。

順序表　　　　　　　　　　　　　　　　　　　じゅんじょひょう

Sequential Production Table

　正式には「**仕掛け順序表**」という。生産計画の車型比率に基づいて**平準化**した仕掛けの順番を表にしたもの。

順引き　　　　　　　　　　　　　　　　　　　じゅんびき

Orderly Pick-Up

　正式には「**順序引取り**」という。仕掛けられる製品や部品の順番が決まっているとき、部品置き場での配列を同じにして、順番に部品を取っていく方法。タイヤ、シート、バンパー等の大物部品では、通常このような方法をとる。

生産のリードタイム　　　　　　　　　　　　せいさんのりーどたいむ

Production Lead Time

　生産しようとする製品の材料の仕掛けから、完成品にいたるまでの時間のこと。加工時間（付加価値を高める時間）と停滞時間（付加価値を高めない時間）の総和になる。

多台持ち　　　　　　　　　　　　　　　　ただいもち
Multi-Machine Handling

　部品を加工するときに、類似性のある機械設備を近くに配置して、1人の作業者がその作業を複数受け持つこと。たとえば、1人で旋盤4台を担当することである。「**横持ち（よこもち）**」ともいう。

多能工化　　　　　　　　　　　　　　　　たのうこうか
Multi-Skill Development

　1個流しと多工程持ちを実現するため、多種の機械設備の操作や作業と担当範囲外の作業もできるように、作業訓練を行なうこと。

段取り替え時間　　　　　　　　　　　　だんどりがえじかん
Set-Up Time

　現時点で加工している部品の加工が終わった瞬間から、次に生産する部品の型や刃具などを交換して次の部品の良品1個目ができるまでの時間のこと。**内段取り時間**（機械を停止させないとできない段取替え作業の時間）と調整時間（段取替え後、品質の精度確保やトラブル処理のために機械を停止して行なう作業の時間）の和が段取り時間。なお、より小ロット化を進めるためには**外段取り時間**の短縮も必要になる。

真の能率　　　　　　　　　　　　　　　　しんののうりつ
True Efficiency

　実質的な原価低減に結びつく能率のことで、売れる数量を必要最小限の人数と設備で生産すること。
　これに対する言葉が「**見かけの能率**」である。

見かけの能率 　　　　　　　　　　　　　　　みかけののうりつ

Apparent Efficiency

　計算上の能率アップのこと。販売に関係なく、生産量を増やして能率を上げるやり方。販売につながらない製品を生産して生産能率を上げても、実質的原価低減には結びつかない。

　これに対する言葉が「**真の能率**」である。

個々の能率 　　　　　　　　　　　　　　　　ここののうりつ

Independent Efficiency

　自分の工程能率だけを上げようとしてとられる、能率の考え方のこと。

　一見、個々の能率を追求することで全体の効率向上に寄与するように見えるが、実際は逆で、必要以上のものを作ったり、ダンゴ生産を行なったりすることになる。

　「個々の能率」はトヨタでは良い意味では使われない。

離れ小島 　　　　　　　　　　　　　　　　　はなれこじま

Isolated Jobsites

　作業工程が離れて孤立し、生産の増減に応じて他の作業者と効率的に組み合わせができないライン構成のこと。生産変動に対応できないラインであり、少ない人数で乗り切っていくトヨタ流の「**少人化**」の阻害要因の1つとなる。

平準化 　　　　　　　　　　　　　　　　　　へいじゅんか

Levelled Production (Heijunka)

　生産する物の種類と量を、総合的に平均化すること。平準化はジャスト・イン・タイム生産の前提となる。

　似た言葉に「**標準化**」があるが、これは平均化することではなく、

効率的な生産を行なうためにムダのない「順序」を決めることである。

タクトタイム
たくとたいむ

Tact-Time

　1個あるいは1台を何分何秒で作らなければならないかという時間値のこと。1日の稼働時間を1日当りの必要個数で割れば算出できる。たとえば、8時間稼動で400個作るとすると、1個当りは1.2分、つまり72秒がタクトタイムになる。

　決められたタクトタイムに対して遅れるのは、習熟度以外に作業のやり方にムダがあると考える。タクトタイムによって、習熟度だけでなく、仕事の進め方のレベルやムダがないかがわかるようになる。

●タクトタイムの求め方

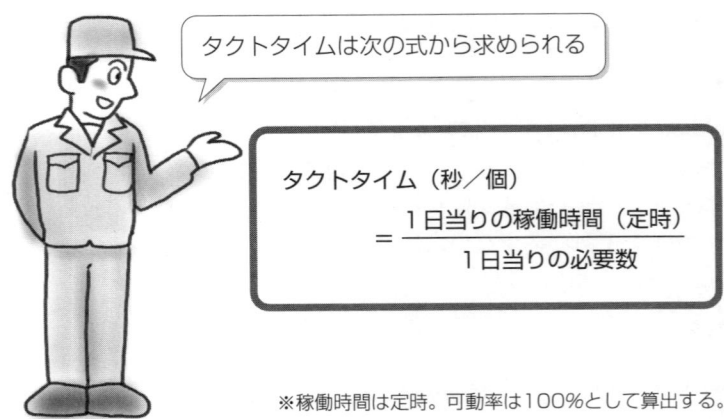

タクトタイムは次の式から求められる

$$\text{タクトタイム（秒／個）} = \frac{\text{1日当りの稼働時間（定時）}}{\text{1日当りの必要数}}$$

※稼働時間は定時。可動率は100％として算出する。

ムラ・ムリ・ムダ　　　　　　　　　　　　　　むら・むり・むだ

Mura（Unevenness）,Muri（Overburden）,Muda（Non-Value Added）

　販売台数にムラがあると、生産にムリが生じて、余分な在庫を抱え込むなどのムダが増えるという考え方。単にムダを減らすという視点ではなく、その原因からカイゼンしないことにはムダはなくならないと考える。このムラ・ムリ・ムダという順番が大切である。
・ムラ：生産計画や生産量が一定でなく、増減変動すること。
・ムリ：機械設備が保有する能力に対して、過度の負荷をかけること。
・ムダ：付加価値を生み出さず、生産原価だけを高める要素のこと。

作り（造り）すぎのムダ　　　　　　　　　　　つくりすぎのむだ

Muda of Over-Production

　必要な時刻よりも早く生産してしまったり、かんばんなどに示されている必要量以上に生産したりすること、また、このために発生するムダな在庫のこと。
　これは、手待ちや動作のムダを隠したり、加工・運搬のムダを発生させ、パレット増加などの二次的ムダも発生させる。

手待ちのムダ　　　　　　　　　　　　　　　　てまちのむだ

Muda of Waiting

　標準作業の作業順序にしたがって仕事をする過程で、次の手順に進めない状態のこと。作業量が少ない時に生じることが多い。

運搬のムダ　　　　　　　　　　　　　　　　　うんぱんのむだ

Muda in Conveyance

　運搬そのものは製品の付加価値を高めないので、その意味ではムダであるが、もちろん、そんなことを言っているのではない。ここ

でいうのは、必要最小限な運搬以外の「仮置き・積み替え・小出し・移し替え」等の運搬に関係するムダをいう。

加工のムダ　　　　　　　　　　　　　　　　　　　かこうのむだ

Muda in Processing

　工程の進みや、加工品の精度等に寄与しない「不必要な加工」を行なうこと。

在庫のムダ　　　　　　　　　　　　　　　　　　　ざいこのむだ

Muda of Inventory

　生産・運搬の仕組みによって発生する在庫のこと。素材・工程間・完成品の在庫をいう。

動作のムダ　　　　　　　　　　　　　　　　　　　どうさのむだ

Muda in Motion

　生産活動の中で、付加価値を生まない人の動きのこと。人の動きにも目を配るところにトヨタのDNAがある。

不良品・手直しのムダ　　　　　　　　　　　ふりょうひん・てなおしのむだ

Muda of Correction

　廃却しなければならない不良品や、手直ししなければ製品にならないモノを作ってしまうこと。

　「手直し工程や調整工程はクルマづくりに避けられないプロセスである」と考えてしまうと、それらは正規工程ととらえてしまうことになる。つまり、ムダが発生しているという感覚が薄れてしまい、それではカイゼンが進まなくなる。その戒めである。

ものさし　　　　　　　　　　　　　　　　　　　　　ものさし

　基準のこと。何が正常で、何が異常であるかの判断根拠となる基

準となるもの。「…を評価するものさし」というような使い方もする。

寄せ止め　　　　　　　　　　　　　　　　　　　　　よせどめ

　同等・同仕様・同分類等の設備・ラインが複数存在する場合、中長期で各設備・ラインの負荷を予想し、稼動設備・ラインが一定以上の稼動率（80％以上）が確保できるよう、生産品を稼動設備・ラインに引当変更（「寄せる」）し、余った設備やラインを「止め」て、転用等でスペース等を含め有効活用すること。設備・ライン・スペース・人の効率的な運用と結果の確認が可能となる。

見える化・分かる化　　　　　　　　　　　　　みえるか・わかるか

　個人ファイルや頭の中から、誰もが取り組み内容・計画・状況・結果等が見え、さらに問題や対策方向がわかるようにすること。

現地・現物　　　　　　　　　　　　　　　　　げんち・げんぶつ

Genchi・Genbutsu

　机上の議論ではなく、「現場の実物を見て、実態を確認しながら仕事を進めていく」トヨタ生産方式の基本的姿勢。会議で意見を述べても、常にその意見が現地・現物を背景としたものかを問われる。

知恵と改善　　　　　　　　　　　　　　　　　　　ちえとかいぜん

　トヨタウェイの2本の柱のうちの1つ。現状に満足せずより高い付加価値を追求し、そのために知恵を絞りつづけることを念頭に行動することを求めるもの。

　Challenge、Kaizen、Genchi Genbutsuの3つの項目からなる。

標準化
ひょうじゅんか

Standardization

基準を作ること。正常な状態がきちんと決まっていなくては、問題があるかどうかは見えてこない。標準でない状態を異常と呼ぶ。

1個流し生産
いっこながしせいさん

One by One Production

ジャスト・イン・タイム生産を実現するための基本的な考え方の1つ。工程順に1個または1台ずつ加工・組付けを行ない、1個ずつ次工程に流すやり方のこと。

4S
よんえす

Four S's

「よんエス」。整理・整頓・清潔・清掃のこと。ローマ字の頭文字Sが4つ並ぶことから「4S」という。身の回りをきちんとして、安全・品質・生産などの作業の基本を確保するのが目的。片づけをするときなどに「4Sをする」などと使っており、"良い状態を維持する"という意味をもたせている。

また、4Sに「しつけ」を加えて、「5S（ごエス）」という場合もある。

・整理：現場でいるものといらないものを区分して、いらないものは即時廃棄すること。
・整頓：整理して、必要なものとして残したものを、番地を定めて置いておくこと。これにより、必要な時に必要なだけ取り出せたり、使いやすいようになる。単純に並べておくだけの"整列"とは異なる。
・清潔：整理、整頓、清掃について、良い状態にすること。
・清掃：現場で技能員が仕事をやりやすく、安全に対して不安がな

く、作業動作や歩行に支障のないようにきれいにしておくこと。

4M
よんえむ

Man, Machine, Material, Method

「よんエム」。製造工程において品質のばらつきを生む大きな原因となる作業者（Man）、機械・設備（Machine）、材料（Material）、作業方法（Method）の頭文字Mをとって「4M」という。

同じ製造工程で作られても、製品はまったく同じものになるとはいえず、一見同じに見える工場生産品も1つずつ少しずつ違っている。これは4Mが必ずしも一定でないためであり、これらをうまく管理することで品質のバラツキを少なくすることができる。

なお、測定（Measurement）のMを加えて、「**5M**（ごエム）」という場合もある。

AB制御
えーびーせいぎょ

Two-Point Control

工程あるいは工程内の標準手持ち量が常に一定に保持されるように、各搬送機の動いてもよい条件および工程から製品を搬送できる条件を、2か所（A点・B点）の製品の有無により制御する仕組みのこと。

生産現場で使われる基礎用語

材調
ざいちょう

Material Quality Examination

「ざいちょう」。金属材料部品の基礎調査の略称。たとえば、熱処理された部品の、①表面の硬さ、②内部の硬さ、③肌焼の深さ、④金属組織、などを調査すること。

初品
しょひん

Products Manifactured in the Production Start

「しょひん」。新製品、新規設計品、設計変更品、または工程変更品で初期管理期間に生産された製品のこと。この品質確認により、製品品質の向上や妥当性を判断するとともに、その品質情報を技術部門、生産技術部門へ提供し、変更品の円滑な立上りを図っている。

製造技術
せいぞうぎじゅつ

Operations Management Engineering

モノを生産する過程で、現状の設備・材料・人を最も効率的に使いこなす考え方や手法のこと。単に、モノを生産する技術や手法のことだけを指すのではない。

設備管理
せつびかんり

Plant Engineering Management

広義には、設備の調査・研究・設計・製作・設置から運転・保全を経て廃却されるまで、設備を有効活用することによって、企業の生産性を高める管理活動のこと。狭義には、設置後のメンテナンス管理の活動のことである。

肉盗み　　　　　　　　　　　　　　　　　　　　にくぬすみ

Remore the Thinning Section

「にくぬすみ」。車体の軽量化やコスト低減のために、鋳物の不必要な部分を削除すること、もしくは削除した部分のこと。知っていないと、意味を類推するのが難しい言葉。

はみだし品　　　　　　　　　　　　　　　　　はみだしひん

Overflow Parts

製造現場の指定された部品置き場からはみ出し、床などに置かれている部品のこと。はみだし品の存在は、「かんばん方式」を看板とするトヨタらしからぬ、モノとスペースのムダであり、しかも作業者がつまずく等の危険もある。

本吹　　　　　　　　　　　　　　　　　　　　　ほんぶき

Casting the Forward Trial Parts

「ほんぶき」。寸法検査、品質確認などの工程整備が完了し、正規出庫用の鋳込み作業を示す。

通い箱　　　　　　　　　　　　　　　　　　　かよいばこ

「かよいばこ」。トヨタとサプライヤー間等で、部品や製品などの輸送に反復して使われる丈夫な容器のこと。

TSOP　　　　　　　　　　　　　　　　　　てぃえすおーぴー

Toyota Super Olefin Polymer

トヨタが開発した熱可塑性樹脂（トヨタ・スーパー・オレフィン・ポリマー）のこと。リサイクルを繰り返しても劣化しにくく、耐熱性・対衝撃性に優れ、バンパーや内装材に使われている。内外装部品用世界標準材料。

アイデントナンバー

あいでんとなんばー

Identification Number

　ライン別生産順序連番のこと。工場の管理番号で、ライン別、ラインオフ計画別に1台ずつつけられている。

　　※ラインオフ（Line-Off, L/O）：完成車が生産ラインから出ること。

オンスケ抹消

おんすけ・まっしょう

　「オンスケジュール抹消」の略。各ラインの順序表の中から、ラインオフまでに車両オーダーを抹消すること。

コントロール型式

こんとろーる・けいしき

　車両型式を細分化したもので、ボデータイプ、トランスミッション、グレード、仕向先等を表し、生産手配に使用される。

スペック対応表

すぺっく・たいおうひょう

　工場に対する生産指示を主目的に、生産管理部は車両データベースというシステムを作成／管理している。その打ち出し資料のこと。

フレームナンバー

ふれーむなんばー

　車両の登録に必要で、1台ごとにフレームに打刻されている連番数字。完全な独自番号であることが必要である。

　車種型式＋7桁の数字で表示され、たとえばGS51－0010000というようなものである。

フローラック

ふろーらっく

　部品箱を支える棚の部分にフリーローラーを使い、部品箱の供給がスムーズに行なえるよう、準備された部品箱が取出側へ自らの重さで移動していくように作られた部品棚のこと。

ライン振替　　　　　　　　　　　　　　　　　らいん・ふりかえ

　工場内での複数ラインの稼動時間を同じにするため、ライン別台数を調整すること。

ランダウン　　　　　　　　　　　　　　　　　　　らんだうん

　需給管理のために、トヨタと海外工場の間で運搬中のモノを含めた物流在庫の日々の推移を示したもの。どこに何個あるかを示し、梱包台数・船積み前在庫・船積み台数・航海中在庫・陸揚げ台数・現地側在庫・現地側生産台数から、オーダー数量を決めるために使われる。

りんぎ車両　　　　　　　　　　　　　　　　りんぎ・しゃりょう

　主に技術部において試験車として使用される号口車両。

技術指示書　　　　　　　　　　　　　　　　　ぎじゅつしじしょ

　車両または部品の設計に関する技術的な事項で、図面により指示することが困難な場合に起票するもの。

計画図　　　　　　　　　　　　　　　　　　　　けいかくず

　製品の形状や部品レイアウト・作動イメージ等の構造・機能を計画するために作成する。

現号　　　　　　　　　　　　　　　　　　　　　げんごう

　現在販売しているモデルのこと。

検収　　　　　　　　　　　　　　　　　　　　けんしゅう

　特定調達依頼した部品などが納入されてきたら、立会・検査を実施して合格後、契約金額を支払うこと。

仕様書
しようしょ

車両を構成する個々の単位(組立番号に近い部品のまとまり)の仕様を、車種コードの単位でまとめたもの。

車種コード
しゃしゅ・こーど

車両を構成する部品群を車種シリーズ単位(クラウン系、ソアラ系等)にまとめ、それぞれに付与した4桁のコードのこと。1〜3桁目に数字、4桁目に英字のHが使われている(例:300H)。

部品表等の設計技術情報は、この「車種コード」と「エンジンコード」の単位に編集発行され、SMS(設計技術情報管理システム)における電算機データも、品番情報(GPN)を除いて、これらの単位に記憶され運用されている。

指示書A
しじしょ・えー

新製品、改良製品等の開発業務に関する重要事項を指示するもの。指示書にはAとBがある。Aで全体を指示し、Bで細部を指示する。

指示書Aには、新製品等の狙い、基本構想、車種構成、主要諸元、車両各部概要、車両品質目標、原価目標、重量目標、予想販売台数、開発担当部署、試作型式、開発車両台数、開発大日程が記載されている。

指示書B
しじしょ・びー

指示書Aで指示した内容の「細部展開を指示する」場合に用いる書類。車両仕様、試作車の製作指示等が記載されている。

試梱
しこん

梱包仕様を決めるために、号口梱包前に試行する梱包のこと。

試作図　　　　　　　　　　　　　　　　　　　　　　　しさくず

試作部品の製作に使用する。この図面で号口の型、設備手配等の生産準備をすることはできない。

手配図　　　　　　　　　　　　　　　　　　　　　　　てはいず

正式図の**出図**（Delz）以前に設備・型の製作等を行なうための図面。この図面で部品を製作することはできない。

終検　　　　　　　　　　　　　　　　　　　　　　　しゅうけん

Final Confirmation Inspection

「最終確認検査」の略称。完成車両の検査で、所定の検査がすべて完了しているか、関係書類と車両とが合致しているかなどを最終工程で総合的に確認する検査のこと。

正式図　　　　　　　　　　　　　　　　　　　　　　せいしきず

号試・号口生産を目的とした図面のこと。号試・号口部品の生産は、正式図により行なわれる。トヨタ設計部署で作成した**トヨタ図**と、仕入先で作成してトヨタ設計部署が承認した**承認図**がある。

青図　　　　　　　　　　　　　　　　　　　　　　　あおず

改造用の設計図。かつてコピーが普及していなかった頃は図面を青刷りで複写していたため、未だにこの名称で呼ばれる。トヨタにおいては工場出荷後、特装メーカー等に指示するための図面を指す。

設確　　　　　　　　　　　　　　　　　　　　　　　せっかく

ECI Confirmation Stage

「設計変更確認」の略称。基本的には本型品を最終的に組み付けて問題がないかを見る、号試確認のための場をいう。

特定調達
とくていちょうたつ

社外から部品などを購入する場合、または社外で部品などを製作する手続きをいう。

特定調達依頼書
とくていちょうたついらいしょ

特定調達の際、製作先に渡される帳票のこと。「**伝票**」または「**特調**」ともいう。

特設
とくせつ

「特別仕様設定」の略。本来は仕様書上に設定のないアイテムを、顧客の要望に合わせて特別に設定するもの。海外向けのクルマはATOMS(輸出車両総合管理システム／アトムズ)上の8桁目が通常空欄になっており、特設時はそこに通常車と識別できるよう、海企部(海外企画部)で決めた記号をインプットする。

特装
とくそう

「特殊車装備」の略。青図(改造用設計図)に基づき、専門メーカー工場(新明工業等)で救急車、パトカー、冷凍車等に特別な架装(改造)を実施すること。救急車、パトカー、冷凍車等は初めからそれ専用のクルマとして作られるのではなく、一般の量産車をベースに改造が施されて作られる。

内外配色指示図
ないがいはいしょくしじず

デザイン部が作成／管理しているカラーデータベースの打ち出し資料。車両ごとに外板色／内装色／トリムの設定状況がわかる。

年計
ねんけい

年度(4月から翌年の3月まで)の予算投資計画。年度設備計画

の略称。

能増　　のうぞう

「能力増強」の略。機器や設備の生産能力を増やすときなどに使われる。

配車実績　　はいしゃじっせき

ラインオフ後、終了検査を終えた後の実績情報。工場が本社にあるシステムサーバーから情報を入手する。

部品必要数計算　　ぶひんひつようすうけいさん

前月末に、当月込み3か月に必要な生産車両の部品の総量を計算すること。当月は生産確定、翌月以降は内示の扱いとなる。

部品表　　ぶひんひょう

「車両部品表」の略称。1台1台の車両を構成している品番のつながりを、設計室、部位ごとに記載したリストのことをいう。車両型式ごとの部品の引き当てを表す「目次」と部品のセット内容、個数、工程を表す「本紙」からなる。

号試を行なうときは通常、現号モデルがラインに流れているため、**号口車**の合間を縫って1台ずつ**号試車**を流す。取り付ける部品の専用置き場はないため、まとめて箱に入れて対象となる組付け工程に置いておき、作業者は指示ビラにより号試車（品確車）であることを認識し、部品を付ける。

保全費　　ほぜんひ

稼動中の設備点検、検査、給油、修理、清掃、定期保全、予防保全の作業および保全用予備品の調達にかかる費用の総称。

保守費   ほしゅひ

保全費のうち、ライセンス契約を締結して使用するもの。

見積照会   みつもりしょうかい

仕様照会（掲示）した内容に対し、調達部が仕入先より見積書を取り寄せて適正価格を検討すること。

ASA   えーえすえー

Application Sheet for Approval

「承認願図送付案内」の略称。サプライヤー承認願図を提出する際に添付する帳票。これにより図面の素性、新機構の有無、品番等を明確にする。サプライヤーが記入するためのASAのブランク用紙は、**RDDP**（Request for Design & Development of Parts：外注品設計申入書）とともに車両製造会社から提供される。これには、トヨタで検討した後に回答するための**RAD**（Receipt of Approval Drawing：承認図出図案内）が添付されているので、それも一緒に提出が必要となる。

   ※RDDP（Request for Design & Development of Parts）：外注品設計申入書。

   ※Approval Drawing：承認図。

ATODE   あとで

All Toyota Design Society

ATODE研究会（オールトヨタデザイン研究会）の略称。トヨタ系関連8社（アラコ㈱、関東自動車工業㈱、セントラル自動車㈱、ダイハツ工業㈱、トヨタ自動車㈱、トヨタ車体㈱、㈱豊田自動織機、日野自動車㈱）のデザイン担当職制およびデザイナーが会員。

会の目的は、全トヨタのデザイン向上のために自主的相互研鑽や

研究活動を行ない、将来のデザイン像へのアプローチを試みることにある。1960年に発足した。

CBU
しーびーゆー

Complete Build Up

　完全に作りあげられたものという内容から、「**完成車**」を意味する言葉として使われている。

CKD
しーけーでぃ

Complete Knock Down

　部品単位で梱包、出荷し、現地においてボデー溶接、塗装、組立を行なう出荷形態。いわばプラモデルのようなもの。

CMF
しーえむえふ

Cosmic Main File

　「車両実績ファイル」のこと。車両の計画、実績の入っているファイルである。**アイデントナンバー**をキーにして、ラインオフ、検査、配車の実績およびフレームナンバー、エンジンナンバー等がわかる。

CPL
しーぴーえる

Component Parts List

　海外で生産する車両（KD車両：ノックダウン車両）の「部品構成表」の略称。部品の構成関係、使用個数、関連する留意事項などを明らかにし、図面などと同時に発行される帳票のことである。見積り用図面、試作用図面、**RDDP**と同時に発行されるのが通常であるが、一部、号口用図面と同時にも、Parts Listが発行される前の代用として発行されることもある。構成などが簡単で、サプライヤーがCPLなしでも情報を理解できるときには、CPLは発行されない。

DAC

でぃえーしー

Diesel Altitude Compensator

ディーゼルエンジン用高度補償装置。一般に、大気圧は高度が上昇するに応じて低下し、吸入空気量が減る。このため、高地では排気ガス内の黒煙濃度が高くなってしまう（悪化する）。そこで、DACにより高度に応じて自動的に全負荷燃料噴射量を増減し、高地における黒煙の悪化を防止する。

DCR

でぃしーあーる

Design Change Sheet

「設計変更依頼書」の略称で、設計部署へ構造変更を依頼する際に、車技（車両技術部）の車種担当がDCRシステムに登録し、イメージ情報化、検索データベース化をしておき、設計回答も入力する。

これにより、依頼内容確認、検索解析、集計などの管理の効率化を図るとともに、他車の初期検討時の漏れ防止のため、チェックシートとしても活用できる。

DPS

でぃぴーえす

Design Planning Sheet

「設計計画書」の略称。承認図部品の場合、トヨタが発行する**外設申**（RDDP：外注品設計申入書）に対してその図面の作成スケジュール、部品作成予定日等を記入してサプライヤーが提出する帳票のことをいう。サプライヤーが記入、提出するためのブランク帳票は、RDDPとともにサプライヤーへ提供される。

ECF

いーしーえふ

Export Check File

VOF（Vehicle Original File：生産量ファイル）を作る前段階の

台数データファイル。

ECI
いーしーあい

Engineering Change Instructions

「設変切替依頼書」の略称。サプライヤーを含むトヨタ社内外の関連部署に、設計変更（設変）の内容を通知するための帳票。帳票内には、適用範囲、変更内容、設変実施時期、部品の納入ルート、補給としての扱いの有無等々、重要な技術情報が集約されている。これらは、その量や変更内容によって、4種類（No.1～4）の決まった帳票によって示される。

ECR
いーしーあーる

Engineering Change Request

「設計変更検討依頼書」の略称。サプライヤー、車両製造会社、車両販売会社など、トヨタ以外の関連部署が、部品の仕様を変更したいときに、その希望内容を記入、トヨタに検討を依頼するための帳票。ただし、次の場合にはECRは必要とされない。
①部品の性能、仕様に影響しない変更の依頼をするとき。
②承認図サプライヤーが自社で製図、製作する部品の変更依頼をするとき（この場合はASAを利用する）

　※ASA（Application Sheet for Approval）：承認願図送付案内。

ECT
いーしーてぃ

Electronic Controlled Transmission

トヨタが1981年に、世界に先駆けて開発・製品化したマイコン制御式4速オートマチックトランスミッション。直結クラッチ付オーバドライブ4速自動変速機の直結クラッチ制御と変速制御を、マイクロコンピュータによって行なうものである。これにより、制御の精度、自由度が大幅に向上した。①燃費の向上、②ドライバビリテ

ィの向上、③選択可能な変速パターン、④シフトクォリティの向上、⑤自己診断機能の装備、といった特徴がある。

ECT-S
いーしーてぃ・えす

Electronic Controlled Transmission-S

　オートマティックトランスミッションの種類で、従来のECTの3パターン（ノーマル、パワー、エコノミー）のうち、ノーマルに代わってマニュアルパターンを採用し、スムーズでスポーティーな走行を可能にしたものをECT-Sと呼ぶ（Sはスポーティーからとったもの）。マニュアルパターンは、Dレンジで4速領域の拡大、2レンジでは2速ホールドとし、山岳路等でのスムーズな走行を可能としている。

KDMF
けーでぃえむえふ

Knock Down Main File

　KD実績ファイル。ロットナンバーをキーとして、アイデントナンバー、フレームナンバー、エンジンナンバー等がわかるようになっている。

>※KD（Knock Down）：海外で車両を組み立てることを前提に、車両構成部品で出荷を行なうこと。部品の分解状況により、SKD（Semi Knock Down）とCKD（Complete Knock Down）に分類される。

LOT No.
ろっと・なんばー

Lot Number

　「ロットナンバー」。KD輸出においては、ある仕向地への同一車種が、累計何台出荷されたかを明示する型式別連番のこと。一般的にはLOT No.＝1から順に付与されていく。仮に、1LOT・10台梱包で、LOT No.＝30であれば、これまでに30×10＝300台を出荷したことになる。

CKD（Complete Knock Down）のオーダーでは、一定の台数（一般的に乗用車10台・商業車5台）を1単位として受注しており、生産されたときにこの単位ごとに付与されるナンバーのことをいう。

PASS WORD
ぱすわーど

「パスワード」。トヨタデザインを革新する考え方を表した言葉。「パスワード」といっても、コンピュータに関係したものではない。
①Proportion：シルエット・塊感
②Architecture：各部位の構成
③Surface：画質
の頭文字をとり、それにSomething special（「何か特別なもの」の意味）をつけて「パスワード」ともじったもの。

PPC
ぴーぴーしー

Pre Production Check

号口（量産）車両の慢性的な不具合や作業性の問題などを、CE構想段階で各設計者に車両構造の変更要望や改善案を提案すること。また、PPCシステムとは、号口生産中の品質問題、作業性問題などに関する要望事項等をPPCシートにまとめて登録し、イメージ情報化、検索データベース化することにより、オールトヨタのPPC提案内容を、新規計画プロジェクトの図面作成段階に織り込んで、図面完成度の向上に役立てるシステムのこと。

QCMS
きゅうーしーえむえす

Quality Chain Management System

仕入先〜ユニット工場〜車両工場までの品質保証度をスルー（通し）で「見える化」した品質管理体制。

まず、車両の重要特性ごとに関係するすべての部品や工程を洗い

出し、重要品質問題の未然防止・再発防止のために、仕入先から車両工場までの全工程をスルーで見る。そのことによって、工程ごと・仕入先ごとでの品質保証度を評価し、弱点の改善・対策を推進する活動のことである。具体的には、
①関係部品・重要工程の流れ・その保証度を「系統図」にまとめ、
②この系統図の流れに沿って従来のQC工程表を並べて品質管理の関所を明確にする。

それぞれの工程の保証度と総合的な保証度を判断するツールとして「QAシート」を活用する。「系統図」と「QAシート」は、重要工程のマネジメントツールとして、また、教育・監査ツールとしても活用される。Lotus社のNotesを利用して構築され、各端末のブラウザを利用して閲覧可能となっている。

QR
きゅーあーる

Quality Regulation

「品質管理規定」のこと。品質保証活動に関する業務内容やその処理運営方法について定めている。

QS
きゅーえす

Quality Standard

「品質管理規格」のこと。品質保証をするために、製品（粗形材材料を含む）の寸法や形状、機能、性能等をある一定の基準で統一したもの。

RAD
らっど

Release of Approval Drawing

「承認図出図案内」の略称。サプライヤーから受領した承認願図をトヨタがチェックし、その結果を連絡する書類。図面がトヨタで承認されれば、承認済図等とともにサプライヤーに提供される。

RDDP

あーるでぃーでぃーぴー

Request for Design & Development of Part

「外注品設計申入書」の略称で、「**外設申**」と略しても使う。トヨタがサプライヤーに部品開発と承認図の作成を依頼するための帳票。外設申には、作成が必要な図面の品番、部品の仕様などが指定され、サプライヤーは指定された範囲内で図面を作成、トヨタに承認のために提出する。

RE-ECI

あーるいー・いーしーあい

Resident Engineer Engineering Change Instructions

「**RE設変**」ともいう。ラインオフ前後に、トヨタの設計者が車両製造会社に出張し、車両製造会社のスタッフとともに最終の品質確認、細部調整を行なうが、その時に種々の事情により、設計仕様の変更が必要になることがある。この場合は、車両の順調な立上がりのために、他の時期と比べてより迅速な指示の伝達が必要であり、通常のルートとは異なるECIが発行される。これをRE-ECIと呼ぶ。

※ECI (Engineering Change Instructions):設変切替依頼書。

RE制度

あーるいー・せいど

Resident Engineer System

ラインオフ前後の一定期間にわたり、トヨタの設計者が車両製造会社に出張し、そのスタッフと協力し、部品および車両の設計、開発上の問題に迅速かつ的確に対応する方法をいう。これらトヨタの設計者を**RE**(Resident Engineer)と呼ぶことから、RE制度といわれている。

RE制度においては、全部品の担当設計者が出張することはできないため、ある程度のグルーピングや特にチューニングの必要な部品担当への絞り込み等をした上で、代表設計者が担当外の部品につ

いてもチューニング業務を代行することが多い。

SKD
えすけーでぃ

Semi Knock Down

　ボデー溶接、塗装までを行ない、現地において最終組立をする出荷形態のこと。部品単位で梱包、出荷し、現地においてボデー溶接、塗装、最終組立を行なうCKD（Complete Knock Down）がプラモデルのようなものなら、SKDはホームセンターで買った組立家具のようなものといえる。

SMR
えすえむあーる

Shortage and Mispacking Report

　CKD（Complete Knock Down）による出荷を行なった際に、現地でCKD部品の誤・欠品があった場合、それを日本に報告して必要部品を再送すること。

SSP
えすえすぴー

Special Supply Parts

　「特別供給部品」の略称。海外組立において控除部品の構成品の一部を日本から支給する。

控除部品
こうじょぶひん

　KD（Knock Down）の仕向国における国産化規制または特殊事情等により、KD輸出車の構成部品のうち現地に出荷しない部品のことをいう。

TEMS
てむす

Toyota Electronic Modulated Suspension

　「電子制御サスペンション」の略称。ショックアブソーバーの硬

さ（減衰力）をマイコンで自動的に切り替えることで、乗り心地、操安性を向上させたサスペンション制御装置のこと。世界に先駆けてソアラで採用された。

TIS　　　てぃあいえす

Technical Instruction Sheet

「技術指示書」の略称。部品の仕様、性能要件、評価方法など、製品図のみではそのすべてが表わせなかったり、部品単位の指示が適当でなかったりするケースでは、技術指示書を作成、発行し、そこに指示を行なうことがある。技術指示書は図面ではないが、製品図と同体系の番号が設けられ、部品表に記載されるものである。また、その変更も製品図と同様に**ECI**（Engineering Change Instructions：設変切替依頼書）によって行なわれ、番号もメジャー変更、マイナー変更によって変わる。技術指示書の番号を他の品番、図番と識別する手段として1桁目、2桁目が必ず"0"と"1"になる（例：01○○○-○○○○○）。

TMR　　　てぃえむあーる

Toyota Manufacturing Rules

「トヨタ生産技術規定」の略称。生産と生産準備業務の標準で、標準化委員会生産技術部会で制定された社内規定のこと。すべての工程で共通して遵守すべき規定となっている。内容としては、生産技術に関する業務要領、手続き、運営方法などがある。

TMS　　　てむす

Toyota Manufacturing Standards

「テムス」。「トヨタ生産技術規格」の略称。生産と生産準備業務の標準で、標準化委員会生産技術部会で制定された社内規格のこと。物に関係する技術的事項で、すべての工程で共通して遵守すべき規

格となっている。

　ちなみに、海外拠点の1つである米国トヨタ自動車販売も同じ「TMS（ティエムエス）」の略称で記載されるので注意が必要。

TRB
てぃあーるびー

Toyota Reflex Burn

　トヨタが開発した直接噴射式ディーゼルエンジンの燃焼法。1988年8月にラインオフした14B型エンジンに採用された。ピストン頂部に形成されたキャビティ（彫込み部）形状に特徴があり、キャビティ壁面に到達する燃料噴霧の空気分散を図るとともに、キャビティ内にスキッシュとスワールによる複合渦流と強い乱れを生じさせることで、空気と燃料の混合促進を行なうもの。

TS
てぃえす

Toyota Engineering Standards

　「トヨタ技術標準」の略称。「トヨタ自動車規格」ともいう。車両、部品、材料、用語、記号、一般事項などに関する技術的内容について、トヨタが所定の手続きにより発行した規格のこと。

VLT
ぶいえるてぃ

Vehicle Integrated Control Linkage Tape

　生管（生産管理部）が日別にクルマを作るための生産指示を工場に伝える情報。通常、ラインオフの3日前あるいは4日前に組立工場に送付される。各工場はこのVLTを受領後、1日の組立順序を決定する。

VMF
ぶいえむえふ

Vehicle Main File

　クルマの仕様を登録するファイル。型式、仕向地、カラー、スペ

ックの情報がある。

VOF
ぶいおーえふ

Vehicle Original File

「生産量ファイル」の略称。最終仕様別・日程別の台数を2か月に渡って保存している。

TCCS
てぃしーしーえす

Toyota Computer Controlled System

1980年9月に完成したマークⅡの5M-EUエンジン搭載車に初めて採用された、エンジン全体を制御するシステムの名称。マイクロコンピュータを使い、燃料噴射制御を核とし、点火時期制御やアイドル回転制御などの機能を加えたエンジン総合制御システム。

TDC
てぃでぃしー

Top Dead Center

自動車業界用語で「上死点(じょうしてん)」のこと。ピストン‐クランク機構をもったエンジンにおいて、ピストンがシリンダ内を上下に往復運動するときに、ピストンが最も上にきた位置のことをいう。

TECS
てっくす

Toyota Excellent Conversion Series

「テックス」。「メーカー完成特装車」のこと。物流全体を総合的にとらえ、効率化、合理化を促進するため開発されたコンテナ方式、パレット方式、コールド方式、特装車その他、の4つのシステムを指す。

近年、物流形態は多様化しており、ユーザーは各々独自のクルマを求めている。この要望を満たすクルマが特装車であり、メーカー

完成特装車としてユーザーニーズを集約し規格化することにより、高品質で低価格なクルマを提供している。当初は「Toyota Easy Carry System」の略語であったが、1996年の累計生産台数25万台達成を機に「Toyota Excellent Conversion Series（トヨタの優れた特装車シリーズ）」と名称が変更された。

TQC

てぃきゅーしー

Total Quality Control

総合品質管理のことで、企業全員の参加と協力が企業活動の全段階にわたることで品質管理を効果的に実施することができる。トヨタでは、その目的を、①全社員がお客様第一主義で、②QCの基本的考え方を身につけ、③その実践を通じて企業の体質を改善強化することにおいている。

T-VIS

てぃ・ぶいあいえす

Toyota Variable Induction System

可変吸気システムの1つ。サージタンクからシリンダヘッドまでの吸気管を2本で構成し、片方の下流に開閉弁を設け通路断面積を変える。閉弁によって断面積が半分になる場合、体積効率のピーク回転数は、およそ1/1.4倍まで低下してくることになる。低中速域では細い断面積として利用するので吸気流速を高く保存でき、吸気脈動を有効に使うことができる。

TVSS

てぃぶいえすえす

Toyota Vehicle Security System

キーホルダータイプのワイヤレスドアロックシステムに連動して、自動的に盗難警報機能を作動する仕組みのこと。海外C&A部が設計した。

シェルボデー
しぇるぼでー

Shell-Body

まだエンジンや足回り等の儀装品が装着されていない、塗装前の板金のみの車体のこと。

スペックリスト
すぺっくりすと

ATOMSの商品関連情報の打ち出し資料。

※ATOMS（Advanced Total Overseas order & Vehicle Management System）：輸出車両総合管理システム。

設変
せっぺん

Engineering Change

「設計変更」の略称で、「せっぺん」と呼ばれる。試作設変、号口設変、特設など、図面出図後に図面変更したり、違う部品を引き当てたりする場合に、設計変更依頼書で設計の変更を実施すること。

さんかく・あーる

「さんかくアール」。RはRegulationの意味。法規特性の表示記号で、法規特性を含む図面や技術指示書等に表示される。法規特性とは、車両のあらゆる部位等で国内外の法規により直接規定されたものおよび認証届出数値であって、設計・生産・検査等の一連の業務を通じ、特にその品質の確保を保証しなければならない項目。

さんかく・いー

「さんかくイー」。EはEmissionの意味。排出ガス特性表示記号で、排出ガス特性を含む図面や技術指示書等に表示される。排出ガス特性は、エミッション濃度不良等の品質不具合を未然に防止するため、設計製造販売を通じて特別に管理すべき部品、品質特性値および組

付調整作業項目である。たとえば、アイドル回転数、アイドルCO濃度、Vベルトの張り、イグナイタボデーアース等である。

 さんかく・えす

「さんかくエス」。SはSafetyの意味。保安特性表示記号で、保安特性を含む図面・技術指示書等に表示される。

支給品　　　　しきゅうひん

TMC Supply Parts

組付け部品を購入する際、トヨタからその構成部品を支給するもので、品質保証等もトヨタによって行なわれる。

日調品　　　　にっちょうひん

TMC Supply Parts

「にっちょうひん」。海外工場での生産において、日本から調達する部品のこと。逆に、現地国産化規制やコスト低減のため、現地で調達する部品のことを「**現調品**（Local Parts：げんちょうひん）」という。

CE　　　　しーいー

Chief Engineer

車両開発における取りまとめ役。現在は20人ほどである。自分が作りたいと思うクルマを企画し、商品化を進めていくことができる。新車の企画、設計管理、スケジュール管理、原価管理などを行なう。個々の車両技術に対する連携役のようなもので、各技術を縦串として横串を通す役割を果たす。

第2章 モノづくり・人づくりの「トヨタ語」

● 生産からの人づくり

STRETCH
すとれっち

Self Training and Education Toward Challenge

　STRETCH（ストレッチ）とは、Self Training and Education Toward Challengeの略語で、「自ら成長させたい」という意志をもった個人を、会社が支援する施策のこと。プロの人材として活躍するために習得すべき「育成目標」に連動した各種知識・スキル講座が用意されている。

　具体的には、より効果的・効率的に育成目標が習得できる各種プログラム（教材、セミナー等）を、市販より安い受講料で提供している。プログラムには、知識・スキル問題解決、論理的思考、プレゼンテーション、ビジネス応用知識、シナリオ策定、コミュニケーション（応用）、ビジョン策定、リーダーシップなどの自己啓発教育がある。

MAST
ますと

Management-quality Advancement System developed by Toyota-Group

　MAST（マスト）とは、Management-quality Advancement System developed by Toyota-Groupの略。オールトヨタ12社の協業により作成・展開している施策のこと。中長期的な体質強化を図ること、プロジェクトや構造改革の成果の迅速な定着化に向けた体質強化を図ることを大きな目的に、マネジメントの質の向上を目指している。

　TQM推進部が進めているMASTの概要は、方針管理を基軸として、マネジメントに対する各人各様の考え方に対し、どの職場にも共通するマネジメントの基本的な考え方（フレームワーク）を提示

し、これを普及させるとともに、職場の強み・弱みと改善点を可視化して自律的な改善活動を促進する仕組みである。これは**"職場の見える化"**を通じて、業務の優先順位づけとスクラップ＆ビルドおよびリソースシフトの実施を行なっていくものだ。

その具体的な作業としては、「マネジメントガイダンス」というガイドブックに沿ってマネジメントの領域・視点を共有化して能力を向上させた後、職場マネジメントの現状を全員参加で職場マネジメントサマリーとして整理する。この職場マネジメントサマリーの一部が職場概要であり、この段階で職場の使命の共有化と職場マネジメントの可視化が達成される。部長は「職場概要の整理」を通じて明らかになった職場実態を活用し、日頃から重点的に取り組みたいと考えていることを「部長の思い」として具体的な目標として掲げ、部員全員に周知し、部を挙げて取り組んでいく。

「職場概要の整理」はMASTの一部で、暗黙知の形式知化、部の使命の再認識、業務の目的・必要性の明確化と共有化、リーダーシップの発揮とコミュニケーションの充実を図ることを目的としている。

3D活動　　　　　　　　　　　　　　　さんでー・かつどう

3D-Action

高効率な経営・業務遂行を実現するため、業務遂行のあらゆる場面において、3Dすなわち「だれが」「どこまで」「どうやるか」をハッキリさせるための取組みを全社的に推進する活動。

リソースに制約がある（人材や資金、設備に限りがある）中でグローバル化・事業領域拡大に対応しなければならない現状では、慢性的な繁忙感に陥りやすく、与えられた業務をこなすだけで精一杯になりがちである。そうなると、個々人の「達成感」や「成長感」が喪失され、新たな課題への取組みが困難になり、将来にわたって高い競争力を維持していくための会社全体の活力を失う恐れがあ

る。このような危機感をベースに、これまでのトヨタの良さであった「頑張る風土」だけに頼るのではなく、高効率な経営・業務遂行の実現を目指す活動が３Ｄ活動である。

　具体的には、会議・組織・指示／業務プロセスを見直し、より効率的な業務遂行を可能にする施策と合わせ、個々人の働く意識を改革していくことを同時に実施する（'01年度全社重点実施事項）。

　重点思考と業務を踏まえた人材育成によるメリハリあるマネジメント、３Ｄによる見える化・共有化、メリハリのある働き方によって「達成感」「成長感」を実感し、自らが自立的に時間をコントロールした働き方・効率性と自らの成長を意識した業務遂行を目的とする。３Ｄ活動の１つである「**3DV**（3 Day Vacation：３日連続休暇の取得）も時間を自らコントロールするという目的がある。

展開　　　　　　　　　　　　　　　　　　　　　　　　てんかい

　伝える、実施していくこと。会議で決定したことを関係各部署に伝えてもらうとき、「本日の内容を関係先に展開しておいてください」というように使われたりする。さらに、「**横展（よこてん）**」は特定状況で展開していくとき（水平に展開する：ある部署の成功事例を別の部署でも実施し、ノウハウとしていくとき）に使われる用語で、この２つの言葉は使い分けられている。

3DV　　　　　　　　　　　　　　　　　　　　　　　　さんでーぶい

3 Day Vacation

　３日以上連続した年休取得の促進活動。この制度は、**3D活動**の一環において、年間業務の見通しを立て、自分の業務のたな卸しや整理をして、メドをたてて上司へ報告し、自ら高効率な業務遂行をすることを狙いとする。

U・TIME　　　　　　　　　　　　　　　　　　　　ゆー・たいむ

Using Time More Efficiently

「ユータイム」。U・TIME制度のことで「Using Time More Efficiently」の略称。

U・TIME制度とは、コアレスフレックスタイム制を基本に、労働時間の配分や始終業時刻の選択の幅を一層拡大し、自身の自主的な時間管理によって、効率的な業務の遂行を図っていく制度。制度導入は、①限られたリソーセス（時間）を有効に活用し、創造性の発揮と生産性の向上を図る、②対象者の時間管理意識の向上および責任感を前提として、労働時間の配分や始終業時刻の選択を自己管理に委ねることにより、達成感とやりがいの実現を図ることを目的としている。適用対象者は**事技職**（事務技術系職種）の上級専門職で、適用部署は各部の申請に基づき、人事部で判断する。

KYT　　　　　　　　　　　　　　　　　　　　　　けーわいてぃ

KIKEN YOCHI Training

「危険（K）予知（Y）トレーニング（T）」の略称。グループ単位でイラストシートをもとに危険要因を探し、とくに危険と思われるものの対策を考え、何をするべきかをまとめあげる問題解決手法。**KY**だけで「**危険予知**」としても使われる。

第2章 モノづくり・人づくりの「トヨタ語」

グローバルを見据えた新しい取組み

IMVプロジェクト
あいえむぶい・ぷろじぇくと

Innovative International Multipurpose Vehicle Project

　「革新的な国際多目的車」の略称。ピックアップトラックHi-Lux（ハイラックス）と、多目的車TUVのプラットホームを共通化することで、コストダウンや生産の効率アップを目指し、これを実現するための主要部品の世界規模での新供給体制およびその車両生産のことを「IMVプロジェクト」と呼んでいる。これまでの日本で製造した車種の海外展開とは異なり、IMVプロジェクトは、各国同時に日本で製造・組立していない車種を展開しようとするものである。

　具体的には、AFTA（東南アジア諸国連合自由貿易協定）の枠組みなどを活用し、車両やエンジン、変速機といった主要部品の生産供給をすべて海外製造拠点間の連携・分業で行なう海外完結サプライチェーンを目指す。そのため、危機対応力や品質保証、業務効率性に優れたSCAを確立し、グローバル経営の加速に伴う海外生産網の自立化に備えていく。海外の生産拠点を有機的に結びつけ、世界最適開発・調達・生産を徹底的に追求することで、飛躍的に競争力を高めることを目的としている。

　2004年よりアジアを皮切りに南米や南アフリカで生産を実施。販売先として米国を除く100か国以上が計画されており、コストと品質を両立させることで、ユーザーニーズに立脚した価格でカローラに次ぐ量産車を提供する。

SCA
えすしーえー

Supply Chain Activity

　SCA（エスシーエー）とは、Supply Chain Activity（サプラ

イ・チェーン・アクティビティ：最適チェーンづくり）の略称。「種類」「生産場所」「リードタイム」「コスト」の観点からサプライチェーンの中にある課題を"見える化"し、現状のチェーンにとらわれず、最適チェーンを意識した活動を通じて、原価低減、リードタイム短縮に結びつける手法である。

「最適サプライチェーン」の視点で原価低減活動（**CCC21**）に取り組む新たな手法で、三位一体活動（技術、生産／生技、調達）を通じてトータル原価の低減に結びつけ、国際競争力No.1を達成すること（CCC21目標達成）が目的。

ダイナミック・エボリューション　　だいなみっく・えぼりゅーしょん

Dynamic Evolution

グローバルな総力戦を勝ち抜いていくためのスローガンのこと。ダイナミックとは「積極的・能動的に、周りの組織・人を巻き込んで、従来の枠組み・発想を超えて」いくことであり、エボリューションとは「変えてはならないものはしっかり守り、変えるべきところは勇気を持って変えていく」という意味である。

ダイナミック・エボリューションでは「意識改革」「構造改革」を推進するに当たり、次の３点を念頭に取り組む。

① 「フロントローディング（開発初期段階の取組みの強化）・スピード・コンカレント（同時・並行）」の視点で業務そのものを変えていくこと。
② 「創造的破壊」で、過去のしがらみや成功体験を排除し、あるべき姿・夢・志・ビジョンを追求すること。
③ 「着実な改善の積み上げと戦略的思考の融合」で、改善をコツコツ積み上げる手法と戦略的な企画・アプローチを取る手法の両方の良さをミックスすること。

調達OP
ちょうたつ・おーぴー

OPとはOperation Programの略。文字通りの意味は「業務手順」のこと。

トヨタの調達部門は「世界で最も安く、最も良い部品を、最も早く調達する」という目的を達成するため、4つの調達方針（①戦略的目標に向けた総原価低減活動、②新技術・新製品の早期実現、③品質向上活動の推進、④調達の業務改革（**SE**））を定め、技術・生技・調達・仕入先が四位一体となり、これに取り組んでいる。これらを実現するため、開発ソーシングから生準（生産準備：一般的に出図以降、型設計・型製作・チューニング・量産までの活動をいう）・L／O（ラインオフ）までの間の"業務のあるべき手順"を明確にしたものが調達OPである。特に開発初期段階の取組みの強化、すなわちフロントローディングに重点を置いている。

※フロントローディング：まず**CE**（Chief Engineer）イメージを受け、調達方針を定める。調達方針に則って作成した品目別発注方針に基づき、プロジェクトに最適な部品を選び、プロジェクト別発注方針を作成する。このように、**CE構想**の前には、品目別のプロジェクト発注方針が固まっていることになる。

action Y活動
あくしょん・わい・かつどう

「1人ひとりが創造性を最大限に発揮できる世界最強の開発集団」を目指すための活動。

BRMB
びーあーるえむびー

Business Revolution MIZEN BOUSI

BRMBとは、Business Revolution MIZEN BOUSI（未然防止）の略称。開発段階での、重要品質問題未然防止の仕組みづくりと監査活動のこと。

CE構想
しーいー・こうそう

CE（Chief Engineer）のモデルイメージを書面で展開するもの。

IMV
あいえむぶい

Innovative International Multipurpose Vehicle

Innovative International Multipurpose Vehicleの略称で、トヨタでいうところの**一般国**（欧米以外の国々）における共通プラットホーム化した戦略車種名の総称のこと。

SPTT活動
えすぴーてぃてぃ・かつどう

SPTTとは「Supplier Parts Tracking Team」の略称で、
①質・量・コストを兼ね備えた外注部品を、号試・号口にタイムリーに調達すること
②仕入先とトヨタ、トヨタ社内部署間のコミュニケーションを充実させること
を目的としたチーム活動。仕入先の生準（生産準備）段階において、調達・設計・生管（生産管理）・品管（品質管理）の各メンバーがトヨタ、仕入先ともにチームを作り、質・量・コストに関する様々な課題を共有、解決することで、円滑な立ち上げを目指す。

V-Comm
ぶい・こむ

Visual & Virtual Communication

「ブイコム」。より高度な車両開発SE（Simultaneous Engineering）を実現するための、トヨタグループ内の手法。従来、別々に行なわれていた開発業務を同期化して実施し、期間短縮、品質向上、原価低減を狙う活動であり、情報技術を高度に活用して同期化をより高め、SEプロセスを改革しようとするものである。

V-Commが目指す同期化には、2つの同期化がある。1つは、逐

次的に実施されている前後工程の業務の同期化であり、もう1つは、同時期に離散的に実施されている並行業務の同期化である。前者の同期化のためには、バーチャルリアリティー技術を活用して、試作を待たない図面の早期完成度向上を実現する。後者の同期化のためには、マルチメディアやネットワーク技術を活用して、国内外の部品・設備サプライヤーとのコミュニケーションの改革を実現し、車両開発力の優位性確保に貢献する。1996年より本格稼動した。

THS

てぃえいちえす

Toyota Hybrid System

「トヨタハイブリッド方式」の略称。エンジンの駆動力を動力分割機を通して直接機械動力で伝えるパスと、発電して電気で伝えるパスの両方を有し、システム全体として最も効率のよくなる組み合わせで運転する方式。プリウスがその代表として有名である。

WE

だぶりゅいー

Weight Engineering

トヨタ独特の用語で、新製品の目標車両重量を達成するための、開発段階における組織的な軽量化活動をいう。VE（バリュー・エンジニアリング）に対する造語として使われている。

車両に対してはシステムの簡略化、部品に対しては材質形状面から軽量化設計を追求する諸活動で、VA/VEと同様に、WEについても原則としてスペックダウン、機能低下、コストアップを伴ってはいけない。

コンカレント・エンジニアリング

こんかれんと・えんじにありんぐ

Concurrent Engineering

設計・試作・評価・生準というこれまでの進め方ではなく、設計段階でCAEなどを使い、性能や生準の生産技術要件を満たす仕事

の進め方や手法のこと。後工程でのやり直し低減や、期間短縮を図るのが狙いである。

　※CAE（Computer Aided Engineering）：コンピュータを使って各種の数値解析やシミュレーションを行なうもの。

生産におけるアプリケーション・システム

新SMS
しん・えすえむえす

New Specification Management System

　2003年に新しく作り直された部品表システム（設計技術情報管理システム）。部品表等、設計情報を管理し、主に号口段階（量産段階）の基本情報を取り扱う。1973年に完成した**SMS**（Specification Management System）を全面改良したものである。設計、調達、原価など広い分野と関連し、車両製造の核となっている。

　これまでのSMSでは、人や紙での非効率な情報伝達、各部門でバラバラなシステム、フルタイム稼働ができない、古いプログラミング言語の使用という問題点があった。新SMSでは、情報の一元化（企画・構想段階、試作、号口まで）、システム標準化（各工程・部門の連携強化）、24時間365日連続稼働、汎用性のある言語の使用を実現し、車両開発期間の短縮、車両開発・生産のグローバル化を支援する。

TIME-d
たいむ・でぃー

Toyota Intelligent Mobility Enhancement for delivery

　「自販機商品デリバリーシステム」の略称。PHSを使って効率的に自動販売機の商品補充などを行なうシステムで、自動販売機ネットワーク、PHSトランシーバ機能、商品情報、巡回ルート情報、売上商品管理情報といった機能を有している。トヨタが社会との調和を目指したITへの取組みの1つ。

TIME-t
たいむ・てぃ

Toyota Intelligent Mobility Enhancement for taxi

「タクシー運行管理システム」の略称。カーナビと通信システムを使ってタクシーの配車管理を行なうシステムのこと。全車両の動態位置管理、乗車位置の自動検索、最適車両検索配車指示、最適待機場所誘導といった機能を有している。トヨタが社会との調和を目指したITへの取組みの1つ。

TIME-w
たいむ・だぶりゅ

Toyota Intelligent Mobility Enhancement for Welfare

「介護サービス車両運行管理システム」の略称。配車スケジュールの作成（週別・日別スケジュール作成）、運行管理（ロケーション管理、運行計画変更指示）、送迎実績集計（各種実績集計）を行ない、送迎車に経路案内（GPSを利用した自車位置の把握と経路案内）ができるようにするシステムのこと。トヨタが社会との調和を目指したITへの取組みの1つ。

TIME-b
たいむ・びー

Toyota Intelligent Mobility Enhancement for Bus

「バスロケーション案内システム」の略称。大規模な運行管理センターを必要としない安価なシステムで、バス停（インテリジェントバス停）に、運行情報提供や経路変更などに対応できる機能を持たせるもの。トヨタが社会との調和を目指したITへの取組みの1つ。

ALC
えーえるしー

Assembly Line Control

トヨタの車両生産指示システム。バッチ処理とオンライン処理から成り、バッチでは①生産指示記号付与、②着工順序計画作成（平

準化)、③車両生産実績集計等を行なう。オンラインは、車両生産各工程(ボデー・塗装・組立・検査)の作業者への作業部品選択指示が主で、貼紙、順序表等を出力する。また、自動機、あんどん等の制御のため、生技部門のマイコンとも直結している。

ATSC
えーてぃえすしー

All Toyota Security Center

「エーティエスシー」。「オール・トヨタ・セキュリティー・センター」の略称で、トヨタ以外からトヨタのシステム(アプリケーション)を利用するときに使われる接続認証システムの名称。

Delz
でるず

「出図(しゅつず)」をデルズともじったもの。「設計技術情報電子出図化システム」のこと。もともと日本語であり、しかもシャレにすぎないが、意味を知ろうと一生懸命に英和辞典を調べる人がいたとすれば、少し気の毒でもある。

DISCAS
でぃすかす

「ディスカス」。車両の生産は、企画・構想段階から号口想定段階をへて号試/号口段階にいたる。DISCASは、この企画・構想段階での「部品情報システム」のこと。

企画・構想段階において、原価企画、内外製仕入先決定、SE活動、試作費管理等を行なうために、従来は紙帳票で書き捨てしていた設計情報を、データベースに入力・一元管理し、電子配信することで、設計・後工程双方が効率良く業務を進めることを狙いとしている。また設計では、企画・構想段階から蓄積した情報を、号口想定部品表作成用に引用することができる。

ECAS
いーしーえーえす

Emission Calculation and Analyzing System

「排ガス測定値管理システム」のこと。工場で日常測定している排出ガス・燃費のデータを収集し、その解析処理結果を確認することによって出荷品質を管理する。

e-かんばん
いー・かんばん

従来の物理的なかんばんに代わって、電子情報を利用する「電子かんばんシステム」の名称。現在トヨタでは約30種類のかんばんが出回っているが、これを1つの統一したソフトに基づいた1種類の「電子かんばん」で行なうことにより、仕入先を含めたトヨタグループのコスト低減・情報のスピード化を図る。21世紀の情報管理のツールとして、オールトヨタでの部品調達における「ジャスト・イン・タイム」のレベルアップを目的としている。

e-かんばんが登場するまでは、国内では**TOPPS**（Toyota Parts Procurement System）を、海外では**KRS**（Kanban Reflection Ordering System）なども使われていた。

部品調達リードタイム短縮、情報の一元化と共有化、業務のスリム化、変化への追従力向上、**かんばん振れ低減**を狙いとし、誰でも操作可能な画面となっている。

　※かんばん振れ：かんばんは、決められた間隔で回収され、前工程に引き取られていくのが原則である。しかし、何らかの理由で平準化がくずれたり、かんばんを先に取ったり取り忘れたりすることで、かんばんが増えたり、減ったりすることがある。これを「かんばん振れ」という。かんばん振れがあると、部品や納入品の欠品につながる。かんばん振れを少なくしていくことを「かんばん振れ低減」という。

G-ALC
ぐろーばる・えーえるしー

Global Assembly Line Control

「グローバルエーエルシー」。グローバル需要計画システムのこと。

GPM
じーぴーえむ

Global Production Map

「グローバル生産状況検索システム」の略称。グローバルな生産状況を逐次把握し、生産量の変化に順応した運営と最適な供給方法の検討を支援することを目的としている。これまでそれぞれの海外事業体に散在していたデータを一元化し、そのデータを共有化することによって、供給ルートの計画、供給先の再整理、供給方法の見直し、生産の合理化計画などに活用する。

KPI-MAPS
けーぴーあい・まっぷす

Key Performance Indicator of Management Application for Parts Status

「品番別進捗管理システム」の略称。**新SMS**（設計技術情報管理システム）の活用を進めるための一環として、構想から生準（生産準備）までの業務をグローバルな視点から見直す新業務プロセス改革のことをいう。

新SMSでは、構想段階から部品情報を一元管理することで品番の戸籍を設けることができたが、品番の変更があった場合は、構想段階から生産までの業務の一貫性・連続性を確保することが困難であった。KPI-MAPSはこの欠点を補い、関係部署が設計をフォローし、不足情報を補う構造とした新業務構造／品番別進捗管理システムである。

LCA
えるしーえー

Life Cycle Assessment

　設計や製造から使用廃棄段階までの製品やサービスのライフサイクルにおいて、環境負荷を評価する手法のこと。

MAPS
まっぷす

Material Procurement System

　「マップス」。「新資材調達システム」の略称。調達のリードタイム短縮と効率化を実現するため、ネットワークシステムで、ユーザー・生技・生管・調達・経理・仕入先を結んだもの。

NAVI
なび

New Analysis system by using Visual measuring Instrument

　「NAVIシステム（ナビ・システム）」ともいう。非接触測定器から得られるパネルの3次元点群データを用いたパネル品質解析システム（面情報によるパネル品質解析システム）の名称。

　工程整備リードタイムの短縮、海外型リピート方法の検討と制度保証体制の確立、部品データのライブラリー化を目的としている。

POST
ぽすと

Parts Ordering System for Toyota

　「海外生産用部品オーダーパッケージ（海外事業体用）」のこと。POST ⅡはPOSTの後継システム。

P-SMS
ぴー・えすえむえす

Production SMS

　「工務SMS」ともいう。車両部品の図面における引当やその引当における必要数計算を実施するシステムのこと。

SPARCS

すぱーくす

Service Parts Routing Control System

「スパークス」。「補給部品生産工程管理システム」の略称。補給部品情報で、出荷単位・部品構成・補給区分・工程情報などが入っている。

TCCM

てぃしーしーえむ

Toyota Cost Control Method

「トヨタ・コスト・コントロール・メソッド」の略称。元町工場で、製造原価を部品・工程単位で把握するアプリケーションとして開発された。工場のレイアウトを変更する場合、それが製造原価に与える影響を把握するのに従来は2か月程度かかっていたが、これにより10日程度でその効果を把握できるようになった。

TGN

てぃじーえぬ

Toyota Global Network

「トヨタ自動車海外ネットワーク網」の略称。海外拠点とトヨタ自動車が専用回線によって接続されているネットワークの総称で、米国、欧州などほとんどの海外拠点を結んでいる。このネットワーク内をトヨタのシステム(アプリケーション)データが行き来している。

TIRS

ちりす

Toyota Information Retrieval System

「チリス」。技術情報管理システムのこと。技術資料室東富士資料室が管理している資料情報の管理レベル向上と有効活用を目的に、1985年に開発されたトヨタの社内技術情報管理システムの総称。技術図書(TIRS-B)、雑誌(TIRS-J)、企業案内(TIRS-L)等から構

成されており、利用者は必要とする資料類（図書、雑誌等）の所在（所蔵有無、保管場所、貸出状況）を即座に知ることができる。検索は、技術部が保有するFACOMの端末および技術資料室東富士資料室から行なうことができる。

TIS
てぃあいえす

Total Information System for Vehicle Development

「総合車両開発情報システム」のこと。試作部品表情報をベースとした総合的な設計技術情報管理システムとして、企画・設計・試作・評価の各開発業務を支援するよう、技術部門全域で活用されている。基本情報として、車両仕様書情報試作車両別の号車仕様、およびそれらをもとに設計部門で作り出される部品表情報を保有している。さらに、基本情報を変更した場合の設計変更情報も取り扱っている。

TOPIAS
とぴあす

Toyota Purchasing Information Administration System

「トピアス」。「総合購買情報管理システム」の略称。外注部品の仕入先情報と価格情報を扱っている。仕入先は技術部門から出図される図面や部品表情報をもとに決定され、工場工務部門での部品買入手配業務等に利用されている。また、価格は原価企画活動、購入部品代金の支払処理等に利用されている。

TOPICS
とぴっくす

Toyota Patent Information System for Creative Work Support)

「トピックス」。「特許情報検索システム」の略称で、トヨタや他社の特許を明細書中の言葉や公報の書誌的事項（出願人、公開番号、発明者）で検索できる。知的財産部のホームページから利用できる。発明提案書を書く前には必ずTOPICSを利用して調査を行ない、関

連する先行特許を把握し、自分の発明の位置づけを明確にして発明提案することが勧められている。

なお、現行システムは2003年6月末に稼動終了となり、**TOPICS-Ⅱ**（新・特許情報検索システム）となって新しくバージョンアップした。

TOPPS
とっぷす

Toyota Parts Procurement System

「トップス」。電子かんばんシステムのこと。部品調達の「ジャスト・イン・タイム」のレベルアップと競争力の確保を目的に、新発注方式と電送かんばんを柱に構築された、トヨタの部品調達システムである。

TOS21
とす・21

TOS21（トス21）はホストコンピュータで稼動している各システムとパソコンとの間でデータ授受を実現するツール。定型業務については、ホスト処理で部署の業務を効率的に実行するため、いろいろな処理が用意されており、実行したい処理を選択しリクエストデータ（定型入力データ）を作成したり、ホストの結果データ（定型出力データ）を見ることができる。定型的に実施している内容をTOS21では定型業務と位置づけ、ホスト処理から見るとインプットとアウトプットの部分をパソコンで実施できるようサポートしている。

個別業務については、過去に構築された様々なシステムに基づいて作成された膨大な情報が、ホストコンピュータに蓄積されている。これらの情報はトヨタの基幹となるものであるが、パソコンの普及に伴い多角的な分析等が可能になり、定型業務でサポートしているデータだけでは満足できなくなっている。臨時処理依頼だけでは、工数不足等でタイムリーな対応がしづらい状況にあるため、ホスト

保有の各種情報（マスタ情報）を利用ユーザーに開放し、自由な検索ができ、結果データをパソコンに取り込む機能を個別業務と位置づけている。

TQ-NET

てぃきゅー・ねっと

「統合品質情報システム」の略称。市場品質情報とその対応状況を管理するためのシステム。2003年5月6日に**ATAC**を廃止しTQ-NETを稼動開始した。専用ソフトのインストールは不要で、社内標準バージョンのInternet ExplorerまたはNetscape Navigatorで利用可能。「社内関係部署、海外関係会社、完成車両メーカー、仕入先間で品質情報を一元管理」することによって、市場問題の早期発見・早期対策をサポートすることを狙いとする。主な機能として、市場品質情報の蓄積・配付、問題登録と進捗管理、現品の管理、自動翻訳機能がある。

　※ATAC（Analysis of Technical Report and Action）：品質市場情報解析システム。

TRUCS

とらっくす

Transportation United Control System

「トラックス」。「部品輸送ダイヤ作成パッケージ」の略称。トヨタが物流計画立案を行なうために開発したシステムで、仕入先部品輸送や内製輸送に使われている。

TSC

てぃえすしー

Toyota Security Center

「トヨタ・セキュリティー・センター」の略称で、トヨタ社員向け認証システムのこと。IDとパスワードによって認証される。

T-Wave

てぃ・うぇーゔ

Toyota World-wide Advantage of Value & Efficiency

「ティ・ウェーヴ」。トヨタ内イントラネットであるWebサイトの名称。各部署や各部の席配置、各種手続きや情報、特定プロジェクトや電話帳、メールアドレス、各部からのニュースや情報・案内など、社外からは見ることができない情報を見ることができる。

WARP

わーぷ

Worldwide Automotive Real-time Purchasing System

「ワープ」。「調達情報管理システム」の略称。世界規模で展開する調達に必要なパーツに関して、リアルタイム情報の活用によって、グローバルな調達業務を推進するための新調達システムのこと。

従来の部品調達システム（**TOPIAS**：総合購買情報管理システム）に代わって、調達業務のグローバル化に対応するための、新しい調達業務サポートシステムとして開発された。品目軸活動での戦略的目標・方針の作成から、車両軸活動の構想段階からラインオフまでの発注先決定・単価決定・生準フォローなど、すべての調達活動をサポートする。グローバルシステムとして開発され、ボデーメーカーならびに海外事業体に展開する予定。2000年10月の**TMMNA**（米国）への導入を皮切りに、2001年11月にはトヨタに導入されるなど、2002年以降各事業体に導入予定。

仕入先との業務で従来と大きく変わる点は、見積書などの帳票のほとんどを電子化すること。業務のスピードアップ・効率化を目指す。

　　※TMMNA（Toyota Motor Manufacturing North America, Inc.）：北米現地生産の統括会社。

W-IPS

だぶりゅ・あいぴーえす

Worldwide Integrated Prototype Production System

「グローバル試作システム」の略称。試作業務のスリム化、開発期間の短縮、試作費用の削減を狙いとし、オールトヨタでの試作構造改革の実現を目指したもの。

生産日程・部品調達・生産等の一連のトヨタ試作システムであるPICS（試作車両組付部品調達システム）は、20年以上前からの"繋ぎ合わせ"のシステムであった。そのため、BM（ボデーメーカー）各社は独自システムで運用しており、海外拠点は一部システム化、一部ハンド運用で対応していた。それを新たなシステムを構築することによって、支給品の必要数・納期の自動作成や、納期工程・作業番号設定の自動化等による工数低減を行なう。

IMTS

あいえむてぃえす

Intelligent Multimode Transit System

「高度中距離・中量輸送システム」の略称。最新のITS技術を用いて、専用道では無人で自動運転・隊列走行を行ない、一般道では通常のバスと同様にマニュアルで単独走行を行なう次世代交通システム。鉄道などの軌道系交通システムの定時性・高速性・輸送力と、路線バスの経済性・柔軟性を併せもっている。

COMPASS

こんぱす

Comprehensive Planning of Assembly Line Simulation System

「コンパス」。組立ラインにおいて、工程計画・管理・運用を支援するコンピュータシステムである。SMSデータを使い、組立工程での作業手順を作って、生産計画台数から作業工程をシミュレーションすることができる。

※SMS（Specification Management System）：部品表システム（設計技

術情報管理システム）。

SMS-BR
えすえむえす・びーあーる

クルマの設計変更（設変）が発生した場合に、その変更情報を記載した設変切替依頼書や図面・部品表を、イメージデータとして生管部（生産管理部）が指示した後工程に自動配付する仕組みのこと。後工程では、パソコンでそのイメージデータを確認して、対応を行なう。

TNS
てぃえぬえす

Toyota Network System

オールトヨタの企業間データ通信基盤のこと。トヨタ本社を中心として、TNS-D（販売店）、TNS-B（車体メーカー）、TNS-S（仕入先）、TNS-O（海外拠点）、TNS-EX（遠隔地工場）がある。新TNSで、通信のTCP/IP化がなされた。

U-ALC
ゆー・えーえるしー

Unit Assembly Line Control

エンジン、ミッション等のユニット生産を支援するため、工場向けに開発されたいくつかの生産情報システムのこと。生産計画の立案、部品調達計画の立案、組付生産指示、部品構成表作成などの機能がある。

第3章

"販売のTOYOTA"の「トヨタ語」

販売の仕組みと思想
販売のアプリケーション・システム
トヨタの代表的車種

突出した販売力でNo.1を驀進(ばくしん)

●生産方式に勝るとも劣らない強さをもつ「販売力」

かつて「技術の日産、販売のトヨタ」という言葉がよく聞かれた。トヨタの技術が劣っているという意味ではなく、その販売力がそれだけ突出した強さを誇っていることを表した言葉である。

現在トヨタは、日本国内では40%強、米国でも10%を超える市場シェアを持っている。米国では高級車「**レクサス**」を発売し、従来のトヨタブランドとは異なるレクサスブランドを確立している。このレクサスブランドは、今後、日本でもディーラー再編を行なって市場展開されていく予定となっている。

かつてトヨタは、世界市場の中で10%のシェア（グローバルテン）を目標にしたことがあった。時代は進み、いまトヨタは全世界で15%の市場シェアを目指して、欧米やアジア・中国において各地域の特色を見据えた製販（製造・販売）の体制づくりを進めている。

●強力な販売力の源となった"工販分離"

「販売のトヨタ」を語る上で見逃せないのが、"工販分離"と"工販合併"の歴史である。

現在のトヨタ自動車は1982年7月、トヨタ自動車工業（**自工**）とトヨタ自動車販売（**自販**）が合併されてできあがったものである（工販合併）。創設当時、両社はもともと1つの会社だったのだが、1950年に販売部門がいったん分離（工販分離）され、その後32年間、販売部門は独立資本の別会社として活動してきたのである。

そもそも販売部門の分離は、トヨタが望んだものではなかった。

当時のトヨタは倒産寸前の経営危機に陥っており、銀行団から融資を行なう条件として経営健全化策を突きつけられた。その中心が、販売部門の分離だった。

こうしてトヨタでは世界でも類を見ない「生産と販売の分業」がスタートしたわけだが、独立資本としての販売会社の存在が、独自のダイナミズムと活気を生むことになった。後に"販売の神様"と呼ばれることになる神谷正太郎氏に率いられた自販は、トヨタ系販社の多チャネル化を進め、いち早く国内販売網を構築していくとともに、海外販売拠点を設置していった。

地域資本による強力な販売会社・販売チャネルを構築していった自販の存在が、「販売のトヨタ」の礎を築き、この販売の強さが生産を引っ張ってきたといえる。独立した外部の販社が、時には苦言をいいながら、トヨタを支えていったのである。

● トヨタの販売組織と販売チャネル

トヨタの販売系組織は今も大きい。名古屋の栄（さかえ）にある旧トヨタ自販ビルの中に、販売系の国内企画部（**国企**／こくき）やディーラー別販売組織が入っている。海外向け販売組織である海外企画部（**海企**／かいき）、海外マーケティング部（**海マ**）や米州事業部のような地域別組織は東京にあるが、海外カスタマーサービス本部（**海外CS**）だけは日進研修センター（愛知県）内にある。

現在の国内販売網についていえば、最も伝統のある**トヨタ店**を筆頭に、**トヨペット店、カローラ店、ネッツ店**（旧オート店）、**ビスタ店**の5チャネル制となっている。2004年には、新しいブランドであるレクサスブランドの展開に合わせ、商品ラインアップやターゲットの見直しを行ない、チャネルを再編する予定だ。

● e-コマース事業で中古車マーケットを取り込む

　トヨタの販売戦略として有名になったのが「Gazoo（ガズー）」である。Gazooは中古車や新車情報のほか、旅行や書籍などの情報も入ったトヨタのe-コマースサイトである。

　Gazooの出発点は、トヨタの創業者・豊田喜一郎氏の孫にあたる豊田章男氏（現・副社長）が業務改善支援室（その後、Gazoo事業部を経て、現在はe-TOYOTA部）を作り、販売網の業務改善に取り組んだことだった。

　その具体的な狙いは、新車販売時に下取りした中古車のスムーズな流通・販売にあった。Gazooですっかりお馴染みとなったトヨタにおける中古車の取扱いは、流通機能を果たす「TAA（トヨタ・オートオークション）」を中心として、買取りネットワークである「T-UP（ティーアップ）」、販売ネットワークの「CarLots（カーロッツ）」というように、買取りから販売までの経路をすべて揃えた構成となっている。台数ベースで見れば、いまや中古車市場は新車市場を完全に上回っている。この点においてもトヨタの取組みは抜かりなく進められている。

販売の仕組みと思想

トヨタデザイン　　　　　　　　　　　　　　　とよたでざいん

　トヨタのデザインにおける基本理念を指す。その内容は以下の通りである。
1. 新しい感動を創造する：社会やユーザーに喜んでいただける独創的で新鮮なデザインを発信する。
2. モノ造りのワザを極める：プロとしての五感を研ぎ澄まし、各分野の能力・テクニックを限りなく高める
3. グローバルな視野で考える：地域・文化・環境などへの理解・配慮をした創造活動を行なう
4. 個を活かし、チームで高める：個人の想像力を最大限に活かし、組織の総合力で完成度を高める
5. 世界のデザインをリードする：世界のトレンドに先駆け、トップレベルのデザインを創造する

Vibrant Clarity　　　　　　　　　　　　　ばいぶらんと・くらりてぃ

　トヨタデザインのキーワード。「ワクワクさ（Vibrant）」と「さわやかさ（Clarity）」を両立したコンセプトが明快に表現され、生活が楽しくなるようなデザイン、という意味。

　近年、消費者の嗜好として「飽きのこないデザイン」「さわやかな、すっきりしたデザイン」が好まれるようになっている。これに加えて「エネルギッシュさ」「元気さ」「楽しさ」といったワクワク感を併せ持った、より心に訴えかけていけるようなデザインが重要だとするもの。これをトヨタデザインの向かうべき方向として表した言葉である。

L-finesse
える・ふぃねす

トヨタの高級車レクサスのデザイン哲学を表した言葉。Lexus（レクサス）、Leading（リードする）の「L」、巧妙さ・鋭さの「Finesse」からの造語。精細さと鋭い強さを併せ持つ優雅さ、さえた感性と高度なスキルが生む至高の技、さりげない一手で勝負をさらう鮮やかで巧妙な戦略を意味している。

「ブランドに合わせるライフスタイルからユーザー主体のブランドへの変化への対応」「機械中心の完璧追求から人間中心の完璧を目指す」「モノに時間概念を加えた経験の考え方があること」という要素がレクサスユーザーの価値観に必要な要素と考え、この3つを満たす**レクサスデザイン**とは、きわめてシンプルで、完成に響く深みを併せ持ち、日本の「もてなしの心」に通じる気配りがあるものと定義づけた。

CD品質
しーでぃ・ひんしつ

CDとは、Customer Delightの略。「お客様に感動や喜びを得ていただける魅力品質」を意味する。

CD品質は、時流を先取りし、独創的で魅力ある商品を創出することで「お客様に感動と喜びを得てもらう」ことを目指す品質活動のことである。CS（Customer Satisfaction／顧客満足）による品質活動から一歩進んだ活動といえる。CSが"満足"という定量的なものを尺度とするのに対し、CDは"感動"という定性的なものを尺度とする。その違いは大きい。なぜなら満足は苦情や故障のない当たり前の品質で得られるが、感動は驚きから生まれるものであり、そのためには他との違いを出せる競争力・能力が要求されるからだ。

顧客に感動を与えるCD品質は、部品メーカーを含めた製品開発部門だけの活動ではなく、営業部門も含めた全社活動の総合力の結

AD21 えーでぃ21

Advanced Development 21 Century

　車両開発〜立上がりまでのプロセスと仕事の進め方を再構築し、開発期間の短縮、図面完成度の向上（設変＝設計変更の低減）を狙いとした21世紀の車両開発を目指した活動。その骨子は次の2つである。

①開発パターンを、ユニット・プラットフォーム・アッパーボデーなどの流用度合により4種類に層別して、各々のプロセスでのマイルストーン（指標）を明確化。

②「設変ゼロ」を目標として、SE活動を意味のあるものに改善。

Gazoo がずー

　「ガズー」。トヨタ会員制情報サービスサイトの名称。「画像」とZoo（動物園）をもじった造語。トヨタ自動車（TMC）が提供する様々なネットワークを介した、電子商取引を主とするコンシューマー向け情報提供サービスで、KIOSK形態の新車／中古車／板金情報照会・販売などができる。

　http://gazoo.com/

NVIS にゅーびす

New Cars Visual Information System

　「ニュービス」。Gazooが提供するシステムの1つで、新車に関してのあらゆる情報を取り扱っている。新車のスペックやオプション等の情報から、概算見積りや商談予約までが画面上で可能である。

UVIS
ゆーびす

Used cars Visual Information System

「ユービス」。**Gazoo**が提供するシステムの1つ。最新の中古車（Used Car＝U-Car）情報を提供する。コンピュータの画面で実際の画像を見ながら中古車探しや見積りができるのが特徴。この情報はGazoo UVISとしてインターネットのサイトにも掲載されている。

Gazoo UVISには現在、全国トヨタ販売店124社、約45,000台のU-Car在庫情報が掲載されており、毎日約3,000台の情報がリニューアルされている。

IVIS
あいびす

Insurance Visual Information System

「アイビス」。**Gazoo**が提供するシステムの1つである「保険情報検索システム」のこと。自分にあった保険プランを選択できる仕組みである。また、保険の仕組みや事故を起こしたときの注意事項などの情報も入っている。

MVIS
えむびす

Maintenance Visual Information System

「エムビス」。**Gazoo**が提供するシステムの1つで、車検や法定点検などのメンテナンス情報が提供される。点検プランから入庫の予約などが画面上で可能である。

SAGS
さぐす

Self Appraisal Guide System

「サグス」。**Gazoo**が提供するシステムの1つである「下取り情報システム」。保有しているクルマの、現在の下取り参考価格を調べることができる。

VBS　　　　　　　　　　　　　　　　　　　　ぶいびーえす

Virtual Body Shop

「ブイビーエス」。**Gazoo**が提供するシステムの１つで、クルマに傷がついたときに、修理金額や損害の程度を診断してもらえるサービスのこと。

G-BOOK　　　　　　　　　　　　　　　　　　じー・ぶっく

「ジーブック」。「人」「クルマ」「社会」を有機的に結びつける新しい情報ネットワークサービスとして開発されたコンテンツサービス。**Gazoo**の会員システムを基盤に、クルマに搭載された無線通信端末（車載端末）での利用を基本としている。

http://g-book.com

カローラ店　　　　　　　　　　　　　　　　かろーらてん

トヨタが初めて開発した大衆車パブリカ（「パブリック」と「カー」からの合成語）の販売のため、1961年に設立。当初は「パブリカ店」という名称だったが、1966年のカローラ発売を機に、1969年に「カローラ店」に名称変更された。コンパクトカーを中心としたトヨタの最量販チャネルと位置づけられている。

トヨタ店　　　　　　　　　　　　　　　　　とよたてん

1935年、日本ゼネラルモーター（GM）の販売店であった名古屋の「日の出モータース（愛知トヨタ自動車の前身）」は、日本GMのマネージャーであった神谷正太郎氏（その後、トヨタ自販会長）の転身とともにGMの販売権を返上、トヨタ車の販売店第１号となった。その後、神谷氏は、次々と外車販売代理店を「トヨタ店」としてトヨタ車の代理店にしていき、これを中心にトヨタの全国販売網づくりが進められた。

トヨタ店は、今後のトヨタブランドにおける高級車チャネルと位置づけられている。

トヨペット店　　　　　　　　　　　　　　　　　　　とよぺっとてん

　最重要市場である東京の販売力強化のため、1953年に発足した「東京トヨペット」が発展したもの。その後、SKB型小型トラック増販のために全国展開していく政策が決定され、1956年から全国的に設立が開始された。中型車市場のリーダーチャネルと位置づけられている。

ネッツ店　　　　　　　　　　　　　　　　　　　　　　ねっつてん

　1998年にトヨタオート店（1968年に設立）からチャネル・販売会社名が変更されたもの。国内販売の5チャネルのターゲットを明確にするために変更され、「20代・30代や女性」をターゲットと位置づけた。ネッツはドイツ語で「ネットワーク」を意味する言葉であるとともに、NetzはNetwork of Energetic Teams for Zenith（最高を求めてエネルギッシュに活動する組織）の頭文字の略称でもある。

ビスタ店　　　　　　　　　　　　　　　　　　　　　　びすたてん

　国内200万台体制（当時）を視野に入れ、1980年に設立された5番目の国内販売チャネル。「ビスタ」は英語で「展望」を意味し、勝利のVやローマ数字の5（5番目のチャネル）に通じることから、この名称が決められた。なお、トヨタは2003年2月、2004年春に既存のビスタ店640店舗をネッツ店に融合させることを発表した。

TS³ CARD　　　　　　　　　　　　　　　　てぃえすきゅーびっくかーど

　「ティエスキュービックカード」。トヨタの子会社であるトヨタファイナンス㈱が、2001年4月から発行しているクレジットカード。

第3章 "販売のTOYOTA"の「トヨタ語」

● トヨタの国内販売チャネル(車両販売店)と取扱い車種

トヨタ店
センチュリー、セルシオ、クラウン、ブレビス、ソアラ、アリオン、カルディナ、プリウス、エスティマT、エスティマハイブリッド、ガイア、ランドクルーザー、ハイラックス、サクシード、ダイナ、コースター

トヨペット店
セルシオ、プログレ、ソアラ、マークⅡ、オーパ、プレミオ、カルディナ、イスト、プラッツ、アルファードG、ハイエース、イプサム、ハリアー、キャミ、サクシード、トヨエース

カローラ店
ウィンダム、カムリ、ナディア、セリカ、カローラ、ファンカーゴ、WiLLサイファ、デュエット、エスティマL、エスティマハイブリッド、ノア、RAV4L、プロボックス、タウンエース

ネッツ店
アリスト、アルテッツア、MR-S、アレックス、ラウム、イスト、bB、プラッツ、ヴィッツ、ウィッシュ、ヴォクシー、RAV4J、ヴォルツ、プロボックス、ライトエース

ビスタ店
アリスト、ブレナード、ヴェロッサ、ビスタ、MR-S、WiLL VS、ファンカーゴ、WiLLサイファ、アルファードV、イプサム、ウィッシュ、スパーキー、ランドクルーザー、クルーガーV、レジアスエース

※2003年2月現在。各種資料を参考に作成。なお、取扱い車種は地区(東京、大阪、沖縄)によって異なる場合もある。
※2005年には、トヨタブランドとは異なるレクサスブランドを専売のレクサス店で展開する予定。それに伴い、2004年には、上記ネッツ店とビスタ店を統合し新しいネッツ店に再編、チャネルの再編および商品ラインアップの見直し等が行なわれる予定である。

日常生活に密着した「ドライビング」「ファイナンシング」「ライフスタイル」の3つの側面からトータルでお客様をサポートする。

ICカードの採用により安全性、サービス性を向上させ、基本サービス（ショッピング・カードローン他）に加え、ポイントキャッシュバック、ドライバーズサポート24、ライフステージに合わせた資産形成サービス等、あらゆる生活シーンをサポートしていくものである。「信頼性」「先進性」「利便性」を追求し、カードを通じて新しいライフスタイルを提案していく。

CarLots
かーろっつ

「Car（クルマ）」と「Lots（大量）」からの造語。「カーロッツ（CarLots）」と呼ぶ。

愛知県、岐阜県、静岡県の3店舗でトライアルを進めてきた大規模なU-Car（Used Car：中古車）の小売ネットワーク。「トヨタ以外の中古車も含めた大量の展示台数」「店舗間の在庫共有化による幅広い選択肢」「サービス工場の併設による安心感」「お客様が入りやすく、お気軽にご相談いただける店づくり」など、顧客の立場に立った店舗をコンセプトとしている。中古車販売に本格的に乗り出すため、今後カーロッツを全国に展開する予定。

URL：http://www.carlots.jp

REQLMA
りくるま

「リクルマ」。トヨタが本格的に展開をスタートした中古車専売店の名称。REQLMAとは「REQUEST（リクエスト）」「QUALTY（品質）」「MAINTENANCE（メンテナンス）」から作った造語で、「お客様のリクエストにお応えする、高品質のU-Carとメンテナンス」という意味。

新しいU-Car（中古車）の店づくりへのトライアルとして、2001年10月より三重トヨペット㈱の1店舗で活動をスタートした。

第3章 "販売のTOYOTA"の「トヨタ語」

●買取りから販売までの経路をすべて揃えた中古車事業

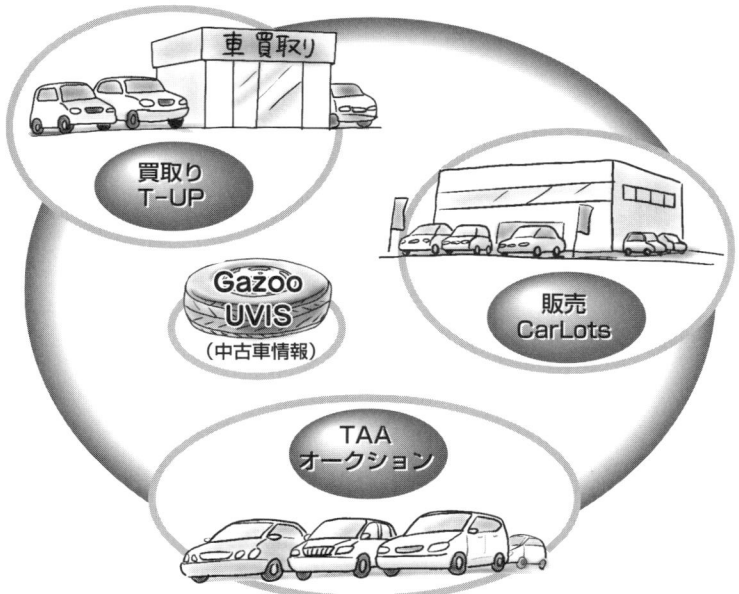

TAA

てぃえーえー

Toyota Auto Auction

「トヨタ・オートオークション」の略称。1967年に日本初のオート（自動車）オークションとして関東・中部・近畿の3会場でスタートしたのがはじまり。

現在は、全国6都市（東北・関東・中部・近畿・九州・沖縄）の会場でオークションを行なうほか、オフィスにいながらリアルタイムで競りに参加できるパソコンオークションもスタートさせており、全国規模でのU-Carビジネスをバックアップしている。運営は、

関連会社のトヨタユーゼックが行なっている。

オークションに当たってTAAは、トヨタ生産方式を応用した車両検査ラインを導入し、効率的で信頼性のある検査を実施している。検査後は、コンピュータによる車両評価システム「TOMAS」で品質を評価するため、検査員のカンや主観は一切入らない。車両評価の信頼性を強みとし、この安心感がTAAの競りを活発にさせている。

T-UP

てぃ・あっぷ

Toyota Usedcar Purchase

「ティ・アップ」。Toyota Usedcar Purchaseの略称で、トヨタが全国で展開する「車の買取りネットワーク」。買い取ったクルマをそのままトヨタの中古車販売店で直接販売する。

販売店の中古車ビジネスを拡充するためには、下取りの強化・オークションを活用し、買取りの拡充による仕入れの強化が不可欠である。この考えをもとに、各販売店で行なわれている買取り業務の中で、トヨタが一括して実施したほうが効率的・効果的な部分(車両買取りに必要な中古車相場価格等の各種情報の提供、広告宣伝や顧客へのインターネットでの情報提供等)をサポートする。

U-Car

ゆー・かー

Used Car

Used Carの略称で、「中古車」のことである。

Crayon

くれよん

「クレヨン」。トヨタが開発した小型電気自動車(e-com)の共同利用システムのこと。多人数での共同利用を前提とする『Crayon』は、1999年5月末より実験を開始している。

具体的には、オフィスのパソコンや「e-com」の専用駐車場(デ

ポ）に設置した端末機による「予約・充電管理システム」、会員が専用のICカードを保有し予約情報等の書き込みや車両キーとして用いる「ICカードシステム」、「Crayonセンター（運行管理センター）」が各車両の位置情報を把握できるMONET（モネ）を活用した「ロケーション管理システム」、VICSとMONETによる「リアルタイム情報提供システム」、利用時間に応じた料金請求を行なう「料金請求システム」などで構築されている。

> ※MONET（MOBILE NETWORK）：「トヨタ情報通信ネットワーク」の略称。トヨタが1997年にスタートさせたテレマティックス（車載端末に情報を送信して、車内にいながらにして外部情報が手に入れられる機能）への取組みで、登録ユーザーは道路状況、マップ、気象情報、周辺レストラン情報を入手できる。

> ※VICS（Vehicle Information and Communication System）：FM電波を使った「道路交通情報通信システム」の略称。渋滞・規制情報表示、駐車場情報表示、迂回路案内、高速道路情報表示、カーナビゲーションによる渋滞・交通規制情報等をリアルタイムで提供することで、適正なルート選択を促すITS（Intelligent Transport Systems、高度道路交通システム）の1つ。

GNP

じーえぬぴー

Guide to New Product

Guide to New Productの略称で、「海外向け新商品紹介資料」のこと。世間一般でいわれる「国民総生産（Gross National Product）」のことではない。

GOA

ごあ

Global Outstanding Assessment

世界トップレベルの衝突安全性評価、およびその性能を表す言葉。人が乗っている部分（「キャビン」という）は強い造りにしてつぶ

れにくくする一方で、ボデーの前と後ろはつぶれやすくして、できるだけ衝撃を吸収するようにした"衝突安全ボデー"のこと。こうした構造にすることにより、衝突事故の際にできるだけ乗員の命を守ろうというものである。

トヨタでは、前面衝突や側面衝突における「法規で定められたダミー傷害値」に加え、「生存空間」等のトヨタ独自の基準を設定している。また、従来の「衝撃吸収ボデー」＋「高強度キャビン」の設計思想をさらに進化させ、シートベルトやエアバッグ等の乗員拘束装置を十分に機能させることで、より乗員の被害の軽減を果たすことを追求している。

年計
ねんけい

「年間計画」の略称。当年込み3年間の販売と配車計画のこと。

船積重点管理
ふなづみじゅうてんかんり

日本から海外への船積日が決められているクルマの生産日程を調整し、船積までの管理をすること。

フリーエントリー
ふりーえんとりー

通常オーダーは、海外企画部・企画調査室が設定する商品マスターの制約によって、国・仕様のチェックを受ける。それに対して、サンプル出荷や特設等で通常出さない国あるいは仕様で出荷する場合は、その制約を無視してオーダーできるようになっている。このシステムをフリーエントリーという。

PIO
ぴーあいおー

Port Installation Option

米国トヨタ（TMS）がトヨタ車用に開発し、傘下のディストリビューターに販売するアクセサリーの総称。

TMSの傘下にあって各地域を受け持つディストリビューターは、車両を入荷する場所を主に港（Port）周辺に持っている。ディストリビューターは、その港において各種アクセサリーをディーラーの注文に応じて車両に装着したり、直接ディーラーへ販売したりすることから、こう呼ばれた。

ただ最近は、ディーラーで装着する場合は、**DIO**（ディーラー装着オプション）と呼んで区分するようになっている。カナダや欧州においても、ディストリビューターがディーラーへの配車前にアクセサリーを港で装着するようになっており、PIOの呼び方が使われている。

　※TMS（Toyota Motor Sales, U.S.A., Inc.）：トヨタの米国での販売統括
　　会社。

販売のアプリケーション・システム

ai21
あい21

Advanced Information Systemと「愛」をもじったもの。国内販売店の経営基盤強化策の1つとして、トヨタが国内販売店に提供する「販売店総合システム・パッケージ（ディーラー・パッケージ）」。販売店の主要業務（車両業務、サービス業務、経理業務など）をカバーしている。これまでも同様のシステムとして「**C90システム（Challenge 90）**」が提供されていたが、情報の高度活用により「お客様満足度の向上」「販売活動の効率化」「販売店の経営革新」への貢献を目指してai21に再構築された。

これまで大規模販売店では、C90システムを利用せず、独自開発（独自コスト）でのシステムを利用してきた。ai21システムは、販売店の規模にかかわらず国内の全車両販売店で活用が可能になることを狙いとし、それにより21世紀にふさわしい販売店システムを目指している。

ATAC
あたっく

Analysis of Technical Report and Action

「品質市場情報解析システム」のこと。ATACは2003年5月6日に廃止され、代わって**TQ-NET**が稼動を開始した。

ATOMS
あとむず

Advanced Total Overseas order & Vehicle Management System

「アトムズ」。「輸出車両総合管理システム」の略称。トヨタの海外車両販売をサポートするシステムとして、1981年、工販合併前の旧自販業務をベースに立ち上げられた。海外代理店からの車両オー

ダーを受け、生産手配するまでの海外営業と、ラインオフから船積までの現車物流をカバーした総合管理システムだったが、現在は**COSMOS**（海外車両オーダー・出荷システム）に再構築された。

具体的には、海外販売車両の商品・使用の管理、標準・導入価格管理とインボイス管理、オーダー／生産手配／船積までの車両管理からなっていた。

A-TOP

えい・とっぷ

All Toyota Parts System

「エイトップ」。All Toyota Parts Systemの略称で、「補給部品オーダー・出荷システム」のこと。修理部品や用品などを、共販店を通じてお客へ供給するトヨタ側のホスト電算処理システムである。共販店からシステムにオーダーが入ると、トヨタの部品センターより部品の共販店への出庫指示を行なう。

C90

しー90

Challenge 90

トヨタから国内販売店向けに提供されてきた「販売店総合システム・パッケージ（ディーラー・パッケージ）」。80年代に販売店の体質強化支援策として企画されたChallenge 80が、販売台数の増加に伴い、ブラッシュアップされたもの。お客様情報の蓄積と新車、中古車、サービス、保険、経理各部門の事務処理業務の効率化を支援するシステムで、このほど「**ai21**」に再構築された。

COSMOS

こすもす

Comprehensive Overseas Sales Management & Operation System

「コスモス」。「海外車両オーダー・出荷システム」のことで、トヨタの海外車両販売をサポートするシステム。21世紀の海外販売を支える基幹情報インフラとして、**ATOMS**（輸出車両総合管理シス

テム）が再構築されてこの名称となった。

ATOMSは、海外代理店からの車両オーダーを受け生産手配するまでの海外営業と、ラインオフから船積までの現車物流をカバーした総合管理システムであったが、急激な状況変化に対応するため、新しいシステムが求められるようになっていた。そこで、さらなる海外販売の増加を目指し、多様化したユーザーニーズへのすばやい商品対応やグローバルレベルでの需給管理の充実、業務効率化とスピードアップを図るため、ATOMSからの再構築が実施された。

状況変化の1つとして、日本生産車の**CBU**（完成車）輸出販売から、海外生産台数の増強に伴う現地生産車中心の販売への移行があった。COSMOSはこうした状況の変化を受け、商品情報提供の期間短縮や価格策定業務の効率化、需給リードタイムの短縮化やオーダー台数調整の効率化、価格情報の共有化やオーダー制度の向上、市場・販売分析の精度向上や3国間輸出車両の納期管理充実等を目標として構築された。

※CBU（Complete Build Up）：完成車のこと。

DAS

でぃえーえす

Dynamic Assurance System

「品質情報解析システム」のこと。不具合対策の効果確認等に利用する。DAS専用のプログラムのインストールが必要である。

MOS

えむおーえす

Mavis Open System

「車両仕様検索システム」の略称。車両仕様、号車仕様、開発車両日程に関する情報を検索するときに利用する。

OASIS

おあしす

Overseas After-Sales Information System

「オアシス」。海外代理店向けに、海外カスタマーサービス本部が制作したホームページ（2000年7月より稼動開始）のこと。

トヨタとDIST間の情報共有、双方向での情報交換を実現し、DISTとトヨタ双方の業務支援システムにまで拡大中である。

※DIST：ディストリビューター（Distributor）の略称。「ディスト」と呼ばれる。海外におけるトヨタ車の卸売・流通拠点。

PAL ぴーえーえる

Partner of Auto Life

「販売店営業スタッフの携帯・パソコン用商談支援・活動支援システム」のこと。これにより、携帯端末によるセールス活動の充実、スピードアップを実現した。

システムの内容は、商談支援、商品情報、活動支援に分けることができる。商談支援システムには見積りから注文書作成までの機能があり、注文書、割賦契約書、査定、在庫照会（携帯電話利用）、リース計算等ができる。また活動支援システムには、お客様情報照会、日報（活動予定・活動記録）、活動実績集計・本部報告等の機能がある。

PIPIT ぴぴっと

Personal Interactive Personal Information TOYOTA

「ピピット」。「人と人とを結ぶトヨタの情報システム（携帯電話、MONET等）」の総称。

※MONET（MOBILE NETWORK）：「モネ」。トヨタが1997年にスタートさせた「トヨタ情報通信ネットワーク」の略称。

SMAP すまっぷ

Store Merchandising Action Program

「販売店活動の支援システム（ネッツ店データベースマーケティ

ング)」のこと。店舗を主体とした営業活動プログラムになっている。

TASCAL
てぃえーえすしーえーえる

Toyota Advanced Service Communication Advice Link

「修理に関するサービス情報システム」のこと。

TASS
てぃえーえすえす

Toyota Authorized Service Station

「トヨタ認定サービスステーション」のこと。販売店とは別に、海外などのトヨタの認定サービス店を指している。

T-COM
てぃ・こむ

Toyota Communication System

「トヨタ～販売店本部間イントラネットシステム（国内販売店受注／販売／在庫情報収集、集計・公開システム）」のこと。

T-COM-D
てぃ・こむ・でぃー

Toyota Communication System Dealer

「販売店本部～店舗間イントラネット情報共有システム」のこと。

TOPAS
とぱす

Toyota Parts Automation System

「海外代理店用補給部品受発注パッケージ」のこと。1979年に、海外のディストリビューター向け部品業務システムとして導入された。

TQCN
てぃきゅーしーえぬ

Toyota Quality Communication Network

海外代理店のサービス技術情報（主に代理店からのテクレポ＝FTR：Field Technical Report）の検索・閲覧が可能なシステムで、北米地域の代理店を対象としている。現地現物にできるだけ近い市場品質情報（画像を含んだテクレポ等）を迅速に入手・展開すること、最新のサービス技術情報（修理情報等）を迅速に代理店に提供することを狙いとしている。海外代理店が発行した市場分析情報を、発行とほぼ同時にトヨタでも閲覧・検索可能にするものであり、カラー写真等での確認が可能である。

TSIN

てぃえすあいえぬ

Technical Service Information Network

　上記の**TQCN**が北米地域の海外代理店のサービス技術情報（主に代理店からのテクレポ＝FTR：Field Technical Report）の検索・閲覧が可能なシステムであるのに対し、TSINは、欧州・豪亜・中近東・中南米・アフリカ地域の代理店を対象としたもの。

TVO

てぃぶいおー

Toyota Vehicle Order

　車両のオーダー情報（台数、仕様、仕向等）のこと。COSMOSの画面上で、オーダー属性の確認が可能である。

VICS

ぶいあいしーえす

Vehicle Information Control System

　「新車登録情報管理システム」のこと。国土交通省から自動車の登録（新規・変更・廃車）情報を日々入手・保管し、車両販売店や国内営業各部が利用している。トヨタ車両の使用者・所有者の住所、氏名等が含まれている。なお、一般的にいうVICS（Vehicle Information and Communication System：道路交通情報通信システム）とは別である。

トヨタの代表的車種

アバロン（AVALON）

1994年より生産開始された北米8車種の1つ。TMMK（米国ケンタッキー州）やTMCA（オーストラリア）で生産されている。ちなみに、北米8車種とは、カムリ、ソラーラ、カローラ、タコマ、アバロン、シエナ、タンドラ、シクォイアをいう。

アベンシス（AVENSIS）

トヨタの欧州戦略セダン車で、1997年より発売。生産は英国のTMUKが行なっている。2003年に2代目の新型モデルが発売され、日本にも輸入される。

アリオン（ALLION）

英語の「ALL IN ONE（すべてをひとつに）」からの造語。2001年より生産開始。セダンタイプで、堤工場（豊田市）にて最終組立を行なっている。

アリスト（ARISTO）

英語で「最上の」「優秀な」の意味。1991年より生産開始。FR駆動のセダンタイプで、田原工場（愛知県田原町）にて生産されている。海外では、Lexus GS300/430として販売されている。

アルテッツァ（ALTEZZA）

イタリア語で「高貴」の意味。1998年より生産開始。関東自動車にて最終組立を行なっている。海外ではLexus IS200/300として販売されている。

アルファード（ALPHARD）

「星座の中で最も明るい星」を意味するギリシャ語のα（alpha）に由来する造語。2002年より生産開始。ワゴンタイプで、トヨタ車体にて最終組立が行なわれている。

アレックス（ALLEX）

フランス語のALLEZ（行く）とXを組み合わせ、「いろいろな場所に行く」という意味をもたせた造語。2001年より生産開始。5ドア2ボックスタイプで、高岡工場（豊田市）とセントラル自動車にて最終組立を行なっている。

イスト（IST）

stylistやartistなど、「〜をする人」を表す接尾語。2002年より生産開始。5ドア2ボックスタイプで、高岡工場にて最終組立が行なわれている。

イプサム（IPSUM）

ラテン語IPSUM「本来の」の意味。1996年より生産開始。ワゴンタイプで、田原工場（愛知県田原町）にて最終組立を行なっている。海外では、ピクニックという車名で販売されている。

ヴィオス（VIOS）

VIOという「行く・旅行する」を表すラテン語からの造語。海外生産の1500ccエンジン大衆セダンタイプ車としてデビュー。中国では「威馳」（「威厳のある堂々とした走り」を表す中国語）の車名で販売されている。

ウィッシュ (WISH)

英語で「希望」、「願い」の意味。2003年1月より販売開始。ワゴンタイプで、堤工場(豊田市)にて最終組立を行なっている。

ヴィッツ (VITZ)

ドイツ語のWITZ(「才気、機知」の意味)からの造語。1999年より生産開始。2ボックスタイプで、高岡工場(豊田市)と豊田自動織機にて最終組立を行なっている。欧州向けの戦略車種といわれ、フランスの生産拠点・TMMFでも組み立てられ、ヤリスの車種名で販売されている。

ウィンダム (WINDOM)

英語のwin(〜に勝つ)とdom(〜の状態)を合成。「勝っている状態、常勝」の意を込めた造語。1991年より生産開始。FF駆動のセダンタイプで、堤工場(豊田市)と関東自動車にて最終組立を行なっている。海外では、Lexus ES300として販売されている。

ヴェロッサ (VEROSSA)

イタリア語の「真実(Vero)」と「赤(Rosso)」からの造語。2001年より生産開始。セダンタイプで、関東自動車にて最終組立を行なっている。

ヴォクシー (VOXY)

英語のVOX(言葉・声)からの造語。2001年より生産開始。ワゴンタイプで、トヨタ車体にて最終組立を行なっている。

ヴォルツ (VOLTZ)

Volt(電圧の単位)からの造語。2002年より販売開始。5ドア2

ボックスタイプで、米国カリフォルニア州のNUMMI（ヌーミィー）で最終組立を行なっている。

エスティマ（ESTIMA）

英語で「尊敬すべき」という意味のエスティマブル（estimable）からの造語。1990年より生産開始。ワゴンタイプの車種で、トヨタ車体にて最終組立を行なっている。海外ではプレビア（Previa）の車名で販売されている。

エスティマハイブリッド（ESTIMA HYBRID）

エスティマは英語で「尊敬すべき」という意味のエスティマブル（estimable）からの造語。2001年より生産開始。4WD駆動のワゴンタイプで、トヨタ車体にて最終組立を行なっている。

オーパ（OPA）

ポルトガル語で「驚き」を表わす感嘆詞。2000年より生産開始。5ドア2ボックスタイプで、堤工場（豊田市）にて最終組立が行なわれている。

ガイア（GAIA）

ギリシャ神話に登場する「大地の女神」の意味。1998年より生産開始。ワゴンタイプで、トヨタ車体にて最終組立を行なっている。

カムリ（CAMRY）

日本語の「冠（かんむり）」をもとにつくった言葉。1980年より生産開始。セダンタイプで堤工場にて最終組立を行なっている。海外では1987年より生産開始され、アメリカでも年間販売台数1位の大ヒット車種となっている。

カルディナ（CALDINA）

イタリア語のCARDINALE（「中心的な、主要な」の意味）からの造語。1992年より生産開始。ワゴンタイプで、堤工場（豊田市）にて最終組立を行なっている。

カローラ（CALLORA）

英語で「花の冠」という意味。1966年より生産開始。セダンやワゴンタイプがあり、高岡工場（豊田市）、関東自動車、セントラル自動車、豊田自動織機にて最終組立を行なっている。国内ではトヨタ最大の累計2,000万台以上を生産している。海外生産は1979年より行なわれ、タイではタクシーでカローラが圧倒的に多く走っていたり、台湾では革シートがあったりと日本と違って高級イメージがある。

キジャン（KIJANG）

海外生産のワゴンタイプ車。アジアで生産されている多目的車。

キャミ（CAMI）

Casual（カジュアル）とMini（小型車）からの造語。1999年より販売開始。ワゴンタイプで、ダイハツ工業にて最終組立が行なわれているOEM車。

クラウン（CROWN）

英語で「王冠」という意味。1954年より生産開始。セダンとワゴンタイプがある。元町工場、田原工場、関東自動車にて最終組立を行なっている。「いつかはクラウン」の名セリフ（CM）で知られる名車。

クルーガーV（KLUGER V）

ドイツ語でKLÜGER（賢い、聡明な）の意味。Vは英語のVICTORY（勝利）の頭文字。2000年より生産開始。ワゴンタイプで、トヨタ自動車九州にて最終組立を行なっている。海外ではハイライダーの車種名で販売されている。

コースター（COASTER）

「沿岸貿易船」「巡航船」という意味。1963年より生産開始。バンとバスタイプがあり、アラコにて最終組立を行なっている。

コンフォート（COMFORT）

「安らぎ、快適」という意味。1995年より生産開始。FR駆動のセダンタイプで、関東自動車にて最終組立を行なっている。

サイオン（SCION）

2003年に米国で売り出された「トヨタ」「レクサス」に次ぐ第3のブランド名。ターゲットを10代半ばから20代に絞り、設計から宣伝・販売手法にいたるまで、対象を若者に徹底している。従来のトヨタ車のイメージを変え、将来の購買者層の取り込みを狙った。カリフォルニア州の限定販売から開始し、1年後には全米展開する予定。車種は、イストを基礎にした5ドアハッチバックのxAと、bBを改良したxBの2車種がある。

サクシード（SUCCEED）

英語で「成功する」の意味。2002年より生産開始。ワゴンおよびバンタイプで、ダイハツ工業にて最終組立を行なっている。

シエナ（SIENNA）

　北米で生産されているミニバン。TMMK（米国ケンタッキー州）で1997年8月より新規生産車種として生産が開始された。

シクォイア（SEQUOIA）

　大型SUV（スポーツ・ユーティリティー・ビークル）。2000年よりTMMI（米国インディアナ州）で生産されている海外専用車。「セコイヤ」といったほうが通りは良い。

スパーキー（SPARKY）

　英語で「エネルギッシュな、生き生きとした」の意味。2000年より販売開始。ワゴンタイプで、ダイハツ工業にて最終組立が行なわれているOEM車。

セリカ（CELICA）

　スペイン語で「天の」「天空の」「神の」「天国のような」の意味。1970年より生産開始。FFクーペタイプで、関東自動車にて最終組立を行なっている。

セルシオ（CELSIOR）

　ラテン語で「至上、最高」という意味。1989年より生産開始。セダンタイプのFR駆動車で、田原工場（愛知県田原町）にて最終組立を行なっている。海外ではLexus LS400/430として販売されており、Lexusブランドの代名詞となった車種でもある。

センチュリー（CENTURY）

　英語で「1世紀＝100年」という意味。1967年より生産開始。セダンタイプの最高級車。FR駆動で5リットルのエンジンを積んで

いる。関東自動車にて最終組立を行なっている。

ソアラ（SOARER）

英語で「最上級グライダー」という意味。1981年より生産開始。FR駆動のクーペタイプで、関東自動車にて最終組立を行なっている。

ソラーラ（SOLARA）

ミッドサイズの２ドアクーペ。1998年１月に発表。北米８車種の１つ。TMMC（カナダ・オンタリオ州）で生産されている。

ソルーナ（SOLUNA）

1996年より生産開始された。TAM（インドネシア）やTMT（タイ）で生産・販売されている。

ダイナ（DYNA）

ダイナはDynamic（活力ある、機動力ある）の短縮。1956年より生産開始。トラックタイプで、トヨタ車体、岐阜車体や日野自動車にて最終組立を行なっている。

タウンエース（TOWNACE）

Town（町、都会）とAce（第一人者、最も優れたもの、切り札）の合成語。1976年より生産開始。バン、トラックタイプで、トヨタ車体にて最終組立を行なっている。

タコマ（TACOMA）

小型のボンネットトラックのような形をしたピックアップトラックタイプで、1995年より海外で生産が開始された海外専用車。北米生産８車種のうちの１つ。NUMMI（ヌーミィー／米国カリフォル

ニア州）で生産されている。

タンドラ（TUNDRA）

北米専用車で、日本国内未発売の大型のピックアップトラックタイプ。フルサイズ・トラック市場に初めて参入したモデル。北米生産8車種（カムリ、ソラーラ、カローラ、タコマ、アバロン、シエナ、タンドラ、シクォイア）の1つ。TMMI（米国インディアナ州）で生産されている。

デュエット（DUET）

英語で「二重奏」の意味。1998年より販売開始。5ドア2ボックスタイプで、ダイハツ工業にて最終組立が行なわれているOEM車。

トヨエース（TOYOACE）

トヨエースはTOYOTAとAce（第一人者、最も優れた者、切り札）からの合成語。1954年より生産開始。トラックタイプで、トヨタ車体、岐阜車体や日野自動車にて最終組立を行なっている。

ナディア（NADIA）

ロシア語のНадежда（ナディージダ）「希望」に由来。1998年より生産開始。5ボックス2ドアタイプで、トヨタ車体にて最終組立を行なっている。

ノア（NOAH）

NOAHは英語で優しい語感の人名を表す。特別な意味はなく、「ノアの方舟」とも何の関係もない。2001年より生産開始。ワゴンタイプで、堤工場（豊田市）にて最終組立を行なっている。

ハイエース（HIACE）

　High（高級な、より優れた）とAceの合成語。1967年より生産開始。トヨタ車体と岐阜車体にて最終組立を行なっている。

ハイメディック（HIMEDIC）

　「高規格な医療設備を備えた車」という意味。1997年より販売開始。バンタイプで、岐阜車体にて最終組立を行なっている。

ハイラックス（HILUX）

　High（高級な、より優れた）とLuxury（ぜいたくな、豪華な）の合成語。1967年より生産開始。田原工場（愛知県田原町）、日野自動車にて最終組立を行なっている。

ハリアー（HARRIER）

　英語で「小さな鷹の一種"チュウヒ"」の意味。1997年より生産開始。ワゴンタイプで、トヨタ自動車九州にて最終組立を行なっている。

ビスタ（VISTA）

　英語で「展望」という意味。1982年より生産開始。堤工場（豊田市）にて最終組立を行なっている。

ファンカーゴ（FUNCARGO）

　英語のFun（楽しい）とCargo（積荷）からの造語。1999年より生産開始。5ドア2ボックスタイプで、高岡工場（豊田市）にて最終組立が行なわれている。

プラッツ (PLATZ)

ドイツ語で「広場」の意味。1999年より生産開始。セダンタイプで、高岡工場（豊田市）にて最終組立が行なわれている。

プリウス (PRIUS)

ラテン語で「〜に先立って」の意味。1997年より生産開始。FF駆動のセダンタイプで、元町工場（豊田市）にて最終組立を行なっている。海外では、Lexus RX300/330として販売されている。ハイブリッド車の代表的な存在。

ブレビス (BREVIS)

英語のbrave（勇敢な）に由来する造語。2001年より生産開始。セダンタイプで、元町工場（豊田市）にて最終組立を行なっている。

プレミオ (PREMIO)

英語の「PREMIER（第1位の）」からの造語。2001年より生産開始。セダンタイプで、堤工場（豊田市）にて最終組立を行なっている。

プログレ (PROGRES)

フランス語で「進歩」「進取」の意味。1998年より生産開始。セダンタイプで、元町工場（豊田市）にて最終組立を行なっている。

プロナード (PRONARD)

フランス語PRÔNER（称賛）からの造語。2000年より販売開始。FF駆動のセダンタイプで、TMMK（米国ケンタッキー州）にて最終組立が行なわれている。

プロボックス（PROBOX）

英語の「professional（プロの）」と「box（箱）」を合わせた造語。2002年より生産開始。ワゴンおよびバンタイプで、ダイハツ工業にて最終組立を行なっている。

マークⅡ（MARKⅡ）

「コロナの第2世代」「コロナの上級車」という意味。1968年より生産開始。セダンとワゴンタイプがある。元町工場（豊田市）、関東自動車にて最終組立を行なっている。

ライトエース（LITEACE）

Light（軽い、軽快な）とAceの合成語。1970年より生産開始。バン、トラックタイプで、トヨタ車体にて最終組立を行なっている。

ラウム（RAUM）

英語の「ROOM」に相当するドイツ語。1997年より生産開始。FF駆動の5ドア2ボックスタイプで、セントラル自動車にて最終組立を行なっている。

ランドクルーザー（LAND CRUISER）

Land（陸）とCruiser（巡洋艦）を合成した名前で、「陸の巡洋艦」という意味。1951年より生産開始。4WDのバン・ワゴンタイプで、田原工場（愛知県田原町）、アラコにて最終組立が行なわれている。海外ではランドクルーザーはLexus GX470として、ランドクルーザーシグナスはLexus LX450/470として販売されている。

レクサス（LEXUS）

北米におけるトヨタの最高級車ブランド。米国トヨタが、新しい

高級車ブランド名の選出を社外コンサルタントに依頼し、最終的にLuxury（贅沢）とElegance（優美）からの造語であるLexusが選ばれた。米国で、「トヨタ」ブランドではない新しい高級イメージを創出していくことに成功し、トヨタの販売台数を伸ばす原動力となった。2005年には、日本でも「レクサス」ブランドを扱う専売ディーラー（レクサス販売店）が営業を開始する予定。

http://www.lexus.com

レジアス（REGIUS）

ラテン語で「華麗な」「すばらしい」の意味。1997年より生産開始。バンタイプで、トヨタ車体にて最終組立を行なっている。

bB

びーびー

未知の可能性を秘めた箱という意味で、「ブラックボックス」のイニシャルから命名。2000年より生産開始。5ドア2ボックスタイプで、高岡工場（豊田市）にて最終組立が行なわれている。

MR-S

えむあーるえす

「ミッドシップ式の小型車」を意味するMidship Runabout-Sportsの頭文字。1999年より生産開始。クーペタイプのミッドシップリアドライブ車で、セントラル自動車にて最終組立が行なわれている。

RAV4

らぶふぉー

Recreational Active Vehicle 4 wheel driveの略。RAV4LとRAV4Jがあり、LはLiberty（自由）、JはJoyful（うれしい、喜びに満ちた）の意味。1994年より生産開始。ワゴンタイプで、田原工場（愛知県田原町）や豊田自動織機にて最終組立を行なっている。

TUV (Toyota Utility Vehicles)

　トヨタ・ユーティリティ・ビークル（多目的車）の略称。明確な定義は明示されていない。アジアにおける海外専用車。

WILL サイファ (WILL CYPHA)

　「サイファ」は英語の「cyber（サイバー）」と「phaeton（馬車）」からの造語で、最新のネットワークサービスを駆使した次世代のクルマの意味。異業種合同プロジェクト「Will」の第3弾として、トヨタの情報ネットワークサービス「G-BOOK」の車載端末を初めて標準装備したクルマである。2002年から生産開始。5ドア2ボックスタイプで、セントラル自動車にて最終組立を行なっている。

WILL VS

　「WiLL」は異業種合同プロジェクトの統一シリーズ名称で、若者をターゲットに**VVC**がデザイン・開発した車種。「V」はジャンルを表す「Vehicle」のV、「S」は「smart」や「sporty」の意味。2001年より生産開始。ワゴンタイプで、セントラル自動車にて最終組立を行なっている。

　　※VVC（Virtual Venture Company）：ヴァーチャル・ベンチャー・カンパニー。

第4章

組織としての「トヨタ語」

トヨタおよび子会社、文化施設等
トヨタグループ他
トヨタ内の組織
トヨタの役職・職種名
国内の製造拠点

"グループ"として独特の結束力と強さを誇る

　トヨタの強さを語る上で、よく引き合いに出されるのが、その"グループ力"である。中核となるトヨタ自動車のもと、それぞれ独立した各社が綿密な連携をとりながら、他に類を見ない結束力を発揮し、さらなる強みが引き出されている。

● **トヨタを支える幾層ものピラミッド**

　俗に「**トヨタグループ**」と呼ばれる12社の企業群には、「**デンソー**」や「**アイシン**」といった大手から、「BM（ボデーメーカー）」と呼ばれている「**車体（トヨタ車体）**」等の車両組立会社、海外ビジネスの案内人でありトヨタとの取引窓口でもある「**通商（豊田通商）**」等が名を連ねている。企業内容においても規模においても、堂々たる有名企業が多い。

　一般に「トヨタグループ」というときは、これら「グループ12社」を指すが、この12社には「**ダイハツ**」や「**日野**」は含まれていない。ただ近年は、ダイハツや日野も含めた14社を指して「トヨタグループ」ということも多い。また、普段はトヨタグループに名前を連ねていない「**アラコ**」や「**東海理化**」も、「**拡大トヨタグループ**」として、テレビのコマーシャルには名前が紹介されることもある。

　トヨタグループの各社は、それぞれがまたグループ企業を構成している。トヨタグループというピラミッドを頂点に、幾層ものピラミッドが重なった企業グループを形成し、トヨタを含むこれら主要企業17社だけで1兆8,000億円以上の営業利益を見込んでいる。

　このほかにも、広告代理店の「**デルフィス**」、ホイールメーカー

の「**中央精機**」、ベアリングメーカーの「**光洋精工**」等、グループ企業といえる関連会社が多数あり、これらを含めて「**オールトヨタ**」ともいう。いまやトヨタの連結子会社は581社に上る。

　なお、いまでもグループ各社には、豊田一族（豊田家）が要職に就いている。トヨタでは、名誉会長に豊田章一郎氏（トヨタ自動車の創業者・豊田喜一郎氏の息子）、副社長に章一郎氏の息子の豊田章男氏、また最高顧問には豊田英二氏（豊田喜一郎氏のいとこに当たる）、取締役専務待遇（現在は退任）に英二氏の息子の豊田周平氏がいる。ちなみに、苗字の豊田は「とよだ」と呼ぶ。

● **フラット化、役割の明確化、スピード化、グローバル化**

　トヨタの内部組織に目を向けると、組織は大きく「営業・管理」、「生産・技術」に分けることができる。この他にも、かつては購買と呼ばれていた「調達部門」があり、営業・生産・管理・調達の各部署のインフラとしてのシステムを支える「情報システム部門」がある。

　国内でトヨタ車の販売を行なう、ディーラーと呼ばれる販売会社にトヨタ内で対応しているのが、トヨペット店営業本部などの国内営業部門の各部署である。人気のある海外関係部門は、米州本部のように対応地域ごとの本部と、「**海企**」のように海外向け企画の役割をもった部署とで成り立っている。

　トヨタの儲けを大きく左右するのが生産・技術であるといわれている。そのクルマづくりの研究をしているのが「**生技**」。クルマづくりを管理しているのが「**生管**」。そして、TPS（トヨタ生産方式）の総元締めとして「**生調**」がトヨタの品質を維持している。

　2003年7月、トヨタの組織改正が行なわれた。本部・部門レベル

の設置に伴う部門の廃止と、センター・部レベルでの新設・変更・再編・名称変更が行なわれ、新しい経営制度の狙いであるフラット化、役割の明確化、スピード化、グローバル化に向けて、それぞれの機能としての位置づけが一層明確にされている。

● トヨタ独自の"スピード感"

　トヨタの組織で働く人々を一言で表すと、「まじめ」だと思う。基本(原理原則)に忠実であり、スジを通すこと、論理が通っていることが求められる。上辺だけでうまくやろうとしても駄目である。物事を進めていくとき、社内・部内でのすり合わせをいろいろ行ない検討がなされるため、決めるまでのスピード感に欠けるきらいがある。しかし、いったん決まると全員がいっせいに同じ方向に動き出すので、ここからのスピードは速い。この違いが理解できないと、対応は大変である。

　トヨタでは、説明は「わかりやすくシンプルで、必要事項が漏れなく入っていること、ビジュアル的に理解でき、文章が簡潔」でなくてはいけない。トヨタの社内決裁や重要な説明事項を行なう場合、A3もしくはA4用紙1枚に必要事項を書き込んで、提出・検討・決裁するという文化がある。

　なお、トヨタ社内では、トヨタ社員だけで仕事をしているわけではなく、多くの関係先の会社から受け入れた人材が一緒になって仕事に取り組んでいる。会議に行くと、トヨタ側の出席者を含めすべてが"社外者"だったということもあった。それでもトヨタの担当はトヨタで鍛えられ、トヨタ側として会議を仕切り進めていく。

第4章　組織としての「トヨタ語」

 トヨタおよび子会社、文化施設等

TMC
てぃえむしー

Toyota Motor Corporation

「トヨタ自動車㈱」の略称。1982年7月、トヨタ自動車工業㈱（自工）とトヨタ自動車販売㈱（自販）の合併により、新生TMCがスタートした。資本金3,970億4,900万円、従業員数6万5,551名（単体）、売上高16兆542億9,000万円（2002年度末）。

TMH
てぃえむえいち

Toyota Motor Hokkaido

「トヨタ自動車北海道㈱」の略称。トヨタ自動車の100％出資会社で、オートマチック・トランスミッション（自動変速機）、トランスファー、アルミホイール等の自動車部品を生産している。1992年10月に完成し、98万㎡の土地面積に19万㎡の建物がある。従業員数約1,000名。

TMK
てぃえむけー

Toyota Motor Kyusyu

「トヨタ自動車九州㈱」の略称。トヨタ自動車の100％出資会社で、ハリアーやクルーガーVの最終組立を行なっている。1992年12月に完成し、106万㎡の土地面積に26万㎡の建物がある。従業員数約2,100名。

トヨタ自動車東北（株）

トヨタ自動車の100％出資会社で、メカトロ部品の生産を行なっている。1998年10月に完成し、29万㎡の土地面積に2万㎡の建物が

ある。従業員数約150名。

自販
じはん

「じはん」。「トヨタ自動車販売㈱」の略称で、「**トヨタ自販**」ともいっていた。

1949年に経営危機に陥ったトヨタ自動車工業（「**じこう**」。「**トヨタ自工**」ともいった）から、1950年に分離独立。販売専門会社として設立された。1982年7月に再びトヨタ自動車工業と合併し、現在の社名であるトヨタ自動車（TMC）となった。名古屋市の中心地である栄に本社ビルがあり、現在はTMCの名古屋支社となっている。

TFS
てぃえふえす

Toyota Financial Service

「トヨタファイナンシャルサービス㈱」の略称。2000年7月、トヨタの国内外の金融子会社を統括する目的で設立された。資本金675億円、従業員数44名。

トヨタファイナンス㈱、トヨタファイナンシャルサービス証券㈱、トヨタアセットマネジメント㈱、㈱トヨタアカウンティングサービス、TMCC（米国）などを傘下に持っている。

TCS
てぃしーえす

Toyota Communication System Co., Ltd.

「㈱トヨタコミュニケーションシステム」の略称。2001年4月、㈱トヨタシステムインターナショナル（TSI）、㈱トヨタシステムリサーチ（TSR）、㈱トヨタソフトエンジニアリング（TSE）の3社が合併して設立された。事業内容は、グローバルに展開する基幹システムの設計、開発、保守、運用、コンサルティング。資本金14億2,300万円、トヨタ資本100％。従業員数784名。本社は、名古屋

市東区にある。

合併前の3社は、90年から91年にかけて、生産・販売・調達・管理関連システム、CAE・ECU関連システム、CAD／CAM関連システムの開発・保守を目的に設立され、トヨタの情報システムの構築・整備に中心的な役割を担ってきた。

しかし、これらの業務を個々の会社で対応するのではなく、フルラインでのサービス提供のニーズと柔軟かつ迅速な意思決定のできる体制づくりが求められるようになってきた。これを受けて、TSIを存続会社として、合併が行なわれた。

http://www.toyota-cs.com/

TSE

てぃえすいー

Toyota Soft Engineering Inc.

「㈱トヨタソフトエンジニアリング」の略称で、1991年2月にトヨタ資本100％で設立された。CAD／CAM関連システムの開発・保守を主な事業内容とし、2001年にTCS（Toyota Communication System Co., Ltd.）に合併された。合併前の人員は約100名であった。

TSI

てぃえすあい

Toyota System International Inc.

「㈱トヨタシステムインターナショナル」の略称で、1991年11月にトヨタ資本100％で設立された。生産・販売・調達・管理関連システムの開発・保守を主な事業内容とし、2001年にTCS（Toyota Communication System Co., Ltd.）に合併。合併前の人員は約280名。

TSR

てぃえすあーる

Toyota System Research Inc.

「㈱トヨタシステムリサーチ」の略称で、1990年9月にトヨタ資

本100%で設立された。CAE、ECU関連システムの開発・保守を主な事業内容とし、2001年、TCS（Toyota Communication System Co., Ltd.）へ合併。合併前の人員は約220名。

TDC
てぃでぃしー

Toyota Digital Cruise, Ltd.

「㈱トヨタデジタルクルーズ」の略称。1996年4月、システム企画部（現CIT部）からネットワーク関係の事業を独立させる形で分社化され、設立された。VAN事業、イントラネットサービス、SI（システムインテグレーション）を事業内容としている。資本金8億円。トヨタ60％、豊田通商20％、デンソー10％等が出資した合弁会社。従業員数300名。

http://www.d-cruise.co.jp/

ITC
あいてぃしー

Toyota Information Technology Center

「トヨタアイティー開発センター㈱」の略称で、モバイル（移動体）技術、IP技術分野を中心に、IT関連技術の研究・開発を行なう会社として2001年1月に東京に設立された。また、2001年4月にはシリコンバレーに米国法人も設立された。

デルフィス
でるふぃす

Delphys Inc.

㈱デルフィス。旧社名は㈱南北社。1949年3月に旧トヨタ自動車販売の子会社の広告代理店として設立された、業界中堅規模の企業。2000年にデルフィスに社名変更された。

現在は、トヨタが100％の株式を保有する子会社で、資本金5,000万円、従業員数363名、売上高487億円。

全ト　　　　　　　　　　　　　　　　　　　　　　　　　　ぜんと

「全トヨタ労働組合連合会」の略称で、トヨタ労組の上部組織になる。トヨタ、トヨタグループ、トヨタと取引のある企業の組合が加盟しており、27万人以上の組合員がいる。各社の組合の連携や調整・指導役を行なっているが、国会・県議会などへも多くの議員を送り出し、その支援母体にもなっている。

トヨタ博物館　　　　　　　　　　　　　　　　とよたはくぶつかん
Toyota Automobile Museum

トヨタ自動車の創立50周年記念事業として建設され、1989年にオープン。1999年には創立60周年記念事業として新館もオープンとなった。ヨーロッパでガソリン自動車が19世紀末に誕生してから約100年余り、市民の足として自動車がいかに人々の生活を豊かにし、現代社会で大きな役割を果たしてきたか、その歴史を振り返る。名古屋市郊外の東方（愛知県愛知郡長久手町）にある。

産業技術記念館　　　　　　　　　　　　　さんぎょうぎじゅつきねんかん
Toyota Commemorative Museum of Industry and Technology

トヨタグループ発祥の地（旧豊田紡織本社工場）に、グループ13社の共同事業として、豊田喜一郎生誕100周年記念日にあたる1994年6月11日にオープンした。「モノづくりの心」と「研究と創造の精神」を若い世代に伝えることを目的とし、「繊維機械」と「自動車」を中心に"産業と技術の変遷"を展示している。名古屋駅の近く（名古屋市西区）にある。

トヨタ会館　　　　　　　　　　　　　　　　　　とよたかいかん
Toyota Kaikan Exhibition Hall

トヨタ自動車の創立40周年記念事業の一環として、1977年11月に

トヨタ本社地区にオープンした。トヨタの企業活動全般についての展示が行なわれており、ショールームには20台以上の新型車が置いてある。工場見学の申込み等も、ここからできる。

MEGAWEB

めがうぇぶ

「メガウェブ」。「見て、乗って、感じる」をテーマにクルマの楽しさを体感できるトヨタのアミューズメント施設。臨海副都心パレットタウンに1999年3月、オープンした。トヨタ車のフルラインナップやヒストリーカーの展示、未来の交通社会の紹介、体験・体感型アトラクションや実車の試乗など、クルマの持つさまざまな楽しさを伝えていく内容となっている。

http://www.megaweb.gr.jp/

アムラックス

あむらっくす

Amlux

トヨタ車を紹介するショールームとして、1990年に東京・池袋にオープンした。大阪にも1993年に設立されたが、ここは近く閉館される予定。トヨタ車だけでなく、トヨタの新技術や環境・安全への取組みも紹介している。トヨタの100%子会社である㈱アムラックストヨタが運営を行なっている。

トヨタインスティテュート

とよたいんすてぃてゅーと

Toyota Institute

グローバルに展開していくトヨタの中で、グローバル化の推進と、グローバルにトヨタウェイを具現化していける経営・ミドルマネジメントの人材育成教育機関として、2002年1月に設立された。対象には、トヨタだけでなく海外事業体も含まれる。全世界より将来のグローバルリーダー180人（グローバルリーダー育成スクール）と、ミドルマネジメント300人（ミドルマネジメント育成スクール）が

毎年受講予定である。研修は静岡の三ケ日研修所などを利用している。

トヨタグループ他

※各社の数字は基本的に2003年3月時点のものである

オールトヨタ
おーるとよた

　トヨタと資本・取引上の結びつきが強い企業すべてを指す場合にいう。また、資本関係が非常に強く、トヨタが経営権を握っている会社群を指す場合もある。

トヨタグループ
とよたぐるーぷ

　㈱豊田自動織機、㈱愛知製鋼、豊田工機㈱、トヨタ車体㈱、豊田通商㈱、アイシン精機㈱、㈱デンソー、豊田紡織㈱、東和不動産㈱、㈱豊田中央研究所、関東自動車工業㈱、豊田合成㈱、日野自動車㈱、ダイハツ工業の14社。

　トヨタグループとして、これら14社を指すことが近年は多いが、日野自動車とダイハツ工業を除いた12社を指す場合もあるし、拡大トヨタグループとしてアラコや東海理化を含めて使われる場合もあるので注意が必要である。

グループ12社
ぐるーぷじゅうにしゃ

　トヨタグループ12社を略して「グループ12社」と呼ぶ場合もある。昔から、トヨタと親会社・子会社の関係にあり、結びつきが強い。

　㈱豊田自動織機、㈱愛知製鋼、豊田工機㈱、トヨタ車体㈱、豊田通商㈱、アイシン精機㈱、㈱デンソー、豊田紡織㈱、東和不動産㈱、㈱豊田中央研究所、関東自動車工業㈱、豊田合成㈱の12社。

織機
しょっき

Toyota Industries Corporation

㈱豊田自動織機。「しょっき」と略して呼ばれ、「TICO」の略称で表示される。

トヨタグループの歴史は、1902年（明治35年）、創始者・豊田佐吉氏が画期的な自動織機を発明したことから始まった。この発明を受け、後に㈱豊田自動織機製作所（現㈱豊田自動織機）が設立された。トヨタ自動車は同社に設置された自動車部が1937年に分離してできたもの（当時はトヨタ自動車工業）であり、いわばトヨタグループの源流ともいえる。

設立は1926年（大正15年）11月。繊維機械、産業車両の製造・販売、乗用車のボデーおよび部品の製造を主な業務としている。資本金680億4,600万円、従業員数1万175名（単体）、売上高約1兆円。織機は5.7%のトヨタ株式を保有する第3位大株主であり、トヨタは織機の24.74%の議決権を保有する筆頭株主でもある。

http://www.toyota-shokki.co.jp/

愛知製鋼　　　　　　　　　　　　　　　　　　　　　あいちせいこう

Aichi Steel Corporation

愛知製鋼㈱。自動車すべてを国産化するために必要不可欠である「特殊鋼」の研究開発を目的として、織機内に設けられた製鋼部が起源。織機から1940年3月に分離独立した「豊田製鋼」が後に「愛知製鋼」と改称された。

特殊鋼、鍛鋼品の製造・販売を主な業務としている。資本金250億1,600万円、従業員数2,535名（単体）、売上高1,275億円。トヨタは24.80%の議決権を保有する筆頭株主でもある。

http://www.aichi-steel.co.jp

工機　　　　　　　　　　　　　　　　　　　　　　　こうき

Toyoda Machine Works, Ltd.

豊田工機㈱。略して「こうき」と呼ばれる。トヨタ自動車工業

（現トヨタ自動車）より工作機械製造を目的として1941年5月に分離独立した。主な事業内容は、工作機械、自動車用部品の製造・販売。資本金248億500万円。従業員数4,086名（単体）、売上高1,583億円。トヨタが24.50%の議決権を保有する筆頭株主である。

http://www.toyoda-kouki.co.jp

車体　　　　　　　　　　　　　　　　　　　　　　　　　しゃたい

Toyota Auto Body Co., Ltd.

トヨタ車体㈱。略して「**しゃたい**」と呼ばれ、「**TABJ**」の略称で表示される。

発祥は、自動車生産のため1936年に豊田自動織機に建設された自動車組立工場。トヨタ自動車工業の豊田自動織機からの分離独立に伴い、刈谷組立工場となる。1945年8月、トラックボデー専用メーカーのトヨタ車体工業㈱としてさらに分離独立、現在に至る。

乗用車、商用車、特殊車のボデーおよび部品の製造を主な事業内容とする。資本金88億7,100万円、従業員数8,144人（単体）、売上高9128億円。トヨタが47.27%の議決権を保有する筆頭株主である。

http://www.toyota-body.co.jp

通商　　　　　　　　　　　　　　　　　　　　　　　　　つうしょう

Toyota Tsusho Corporation

豊田通商㈱。「**つうしょう**」の他、「**とよつう（豊通）**」とも呼ばれ、「**TTC**」と略称で表示される。

トヨタ車販売に対する金融を目的として1936年に設立されたトヨタ金融㈱が元となり、1942年にはトヨタ各社の証券保有業務を兼務するが、1947年の第二次財閥指定により、持ち株会社の指定を受けて解散する。1948年7月、企業再建整備計画を完了し、豊田産業㈱の商事部門を継承して日新通商㈱として設立される。1956年、豊田通商㈱に社名変更。

第4章 組織としての「トヨタ語」

　トヨタグループ唯一の商社として、各種原材料、製品の売買・輸出入を業務としている。トーメンの筆頭株主でもあり、資本金267億4,800万円、従業員数2,129名（単体）、売上高2兆5,764億円。トヨタが23.77%の議決権を保有する筆頭株主である。

　http://www.toyotsu.co.jp

アイシン　　　　　　　　　　　　　　　　　　　　　あいしん

Aisin Seiki Co., Ltd.

　アイシン精機㈱。略称「**あいしん**」。愛知工業㈱として1949年6月に設立され、1965年8月の新川工業㈱との合併で現社名となった。

　自動車部品、住生活関連機器（ベッド、ミシン等）の製造・販売を主な事業とする。資本金411億4,000万円。従業員数1万900名（単体）、売上高5,553億円。トヨタが24.11%の議決権を保有する筆頭株主である。

　http://www.aisin.co.jp

デンソー　　　　　　　　　　　　　　　　　　　　　でんそー

Denso Corporation

　㈱デンソー。当時のトヨタ自動車工業から1949年12月に分離独立し、日本電装株式会社として設立される。

　各種自動車用およびその他電装用品、空調設備ならびに一般機械器具、電気機械器具の製造・販売を主な事業とする。資本金1,874億5,600万円、従業員数3万3,597名（単体）、売上高1兆5,703億円。トヨタが24.68%の議決権を保有する筆頭株主。

　http://www.denso.co.jp

紡織　　　　　　　　　　　　　　　　　　　　　　ぼうしょく

Toyoda Boshoku Corporation

　豊田紡織㈱。略して「**ぼうしょく**」と呼ばれる。1918年1月に創

業され、1943年にはトヨタ自動車工業と合併。1950年5月にトヨタ自動車工業から民生紡績㈱として分離独立し、1967年に豊田紡織㈱となる。

綿糸布およびその他繊維の糸布、化成品、自動車部品、家庭生活用品の製造・販売が主な事業内容。資本金49億3,300万円。従業員数2,059名（単体）、売上高1,073億円。トヨタは15.56%の株式を保有する筆頭株主である。

http://www.toyoda-boshoku.co.jp

東和不動産　　とうわふどうさん

Towa Real Estate Co., Ltd.

東和不動産㈱。1953年8月に設立され、不動産の所有・管理・売買・貸借が主な事業内容である。資本金237億5,000万円、従業員数80人、売上高54億円。トヨタは49.00%の株式を保有する筆頭株主である。

中研　　ちゅうけん

Toyota Central Research and Development Laboratories, Incorporated

㈱豊田中央研究所。略称は「**ちゅうけん**」。1960年11月に設立され、総合技術の開発、利用に関する各種の研究試験・調査を主な事業内容とする。資本金30億円。従業員数915名、売上高172億円。トヨタは54.00%の株式を保有する筆頭株主である。

http://www.tytlabs.co.jp

関自　　かんじ

Kanto Auto Works, Ltd.

関東自動車工業㈱。略して「**かんじ**」と呼ばれる。関東電気自動車製造㈱として1946年4月に設立され、1950年に関東自動車工業㈱に社名変更。

乗用車、商用車のボデーおよび部品、住宅関連機器および建築用部材の製造が主な事業内容。資本金68億5,000万円。従業員数5,396名、売上高5,598億円。トヨタは49.43％の議決権を保有する筆頭株主。

http://www.kanto-aw.co.jp

合成

ごうせい

Toyoda Gosei Co., Ltd.

豊田合成㈱。「ごうせい」の略称で呼ばれるとともに、「**TG**」と略称で表示される。

名古屋ゴム㈱として1949年6月に設立され、1973年に豊田合成㈱に社名変更する。

ゴム・合成樹脂・ウレタン製品、半導体関連製品、電気・電子製品、接着剤等の製造・販売を主な事業内容とする。資本金253億1,800万円、従業員数5,440名（単体）、売上高2,647億円。トヨタは41.90％の議決権を保有する筆頭株主である。

http://www.toyoda-gosei.co.jp

日野

ひの

Hino Motors, Ltd.

日野自動車㈱（Hino Motors,Ltd.）。「**ひの**」の略称で呼ばれ、「**HMC**」と略称で表示される。1942年5月に設立、1966年10月にトヨタと業務提携を結び、現在はトヨタが50.41％の議決権を保有する子会社である。

トラック、バス、乗用車、商用車、特殊車および部品の製造・販売を主な事業内容とする。資本金727億1,700万円。従業員数8,585名（単体）、売上高6,593億円。

http://www.hino.co.jp

ダイハツ

だいはつ

Daihatsu Motor Co., Ltd.

ダイハツ工業㈱。「**DMC**」と略称で表示される。

内燃機関の国産化を目指し、1907年3月に発動機製造㈱として設立。1951年12月に大阪の「大」と発動機の「発」をもとに、ダイハツ工業㈱に社名変更した。1967年にトヨタと業務提携し、現在はトヨタが51.41%の議決権を保有する子会社である。

乗用車、商用車、特装車および部品の製造・販売が主な事業内容。資本金284億400万円、従業員数1万1,178名(単体)、売上高8,187億円。

http://www.daihatsu.co.jp

アラコ

あらこ

Araco Corporation

アラコ㈱。荒川鈑金工業㈱として、1947年7月に乗用車ボデーや自動車部品の生産を開始。1961年に荒川車体工業㈱に社名変更し、1988年に現社名となる。現在はトヨタが75.04%の議決権を保有する子会社である。

主な事業内容は、車両組立および内装品製造。資本金31億8,800万円、従業員数6,115名(単体)、売上高3,475億円。

http://www.araco.co.jp

東海理化

とうかいりか

Tokai Rika Co., Ltd.

㈱東海理化電機製作所。1948年8月設立。1998年に通称社名「株式会社東海理化」を制定。電装部品であるスイッチ・キーロックを主力として、その他に車体部品のシートベルト、エアバッグなどの製造・販売を主な事業内容としている。資本金150億8,700万円、従業員数5,410名(単体)、売上高2,440億円。トヨタが29.31%の株式を

保有する筆頭株主である。

http://www.tokai-rika.co.jp

◉トヨタグループ各社

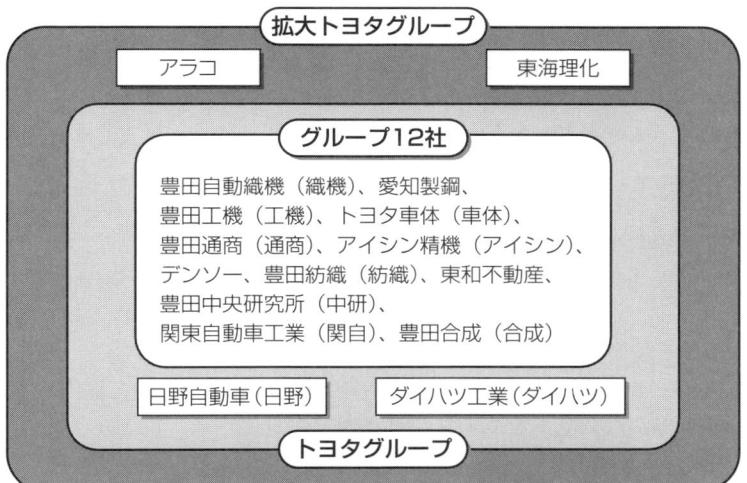

セントラル

せんとらる

Central Motor Co., Ltd.

　セントラル自動車㈱（Central Motor Co., Ltd.）。トヨタ自動車工業蒲田工場の閉鎖により、有志によって1950年9月に設立。1959年にトヨタ自動車工業とトヨタ車体が資本参加した。

　現在はWILLの生産を行なうなど、トヨタ車の生産、車両生産用治具・ロボットの開発・設計、特装車の生産・販売を行なっている。資本金13億円、従業員数1,109名、売上高999億円（2002年3月）。

http://www.central-motor.co.jp/

中央精機　　　　　　　　　　　　　　　　　　　　　　　　ちゅうおうせいき

Central Motor Wheel Co., Ltd.

　中央精機㈱。「**CMW**」と略称で表示される。1939年9月設立。スチールホイール、アルミホイール、LPG部品の製造・販売を主な事業内容とする。資本金25億600万円、従業員数1,107名（単体）、売上高1,108億円。トヨタが60.42%の株式を保有する筆頭株主。

　http://www.chuoseiki.co.jp

光洋精工　　　　　　　　　　　　　　　　　　　　　　　　こうようせいこう

Koyo Seiko Co., Ltd.

　光洋精工㈱。1921年設立。精密ベアリングの製造・開発技術をコアとして、ベアリング、ステアリングシステム、自動車機器、メカトロ・FAシステムの製造・販売を主な事業内容としている。資本金258億9,300万円、従業員数6,185名（単体）、売上高3,010億円。トヨタが24.76%の株式を保有する筆頭株主である。

　http://www.koyo-seiko.co.jp

協豊会　　　　　　　　　　　　　　　　　　　　　　　　　きょうほうかい

　トヨタと取引のある部品メーカー211社の会員組織。1943年12月に設立された東海協豊会を母体とし、その後、1946年に関東協豊会、1947年に関西協豊会が発足した。

栄豊会　　　　　　　　　　　　　　　　　　　　　　　　　えいほうかい

　トヨタと取引のある設備・物流会社123社の会員組織。機械設備メーカーや物流会社、エネルギー会社等で組織されている。1983年4月設立。

トヨタ内の組織（2003年7月現在）

e-TOYOTA
いー・とよた

Gazooや**G-BOOK**などを手がける部署名。2002年にGazoo事業部の名称が変更され、e-TOYOTA部となった。

Gazooが本格的にスタートしたのが1998年。そのサービスの拡充に伴い、2001年、「車を軸としたアフターサービスなど関連分野での需要拡大への対応、およびEコマース事業の迅速な展開」を図ることを目的に、Gazoo事業部を新設。2002年に「ITを活用したトヨタのコンシューマー向け情報提供サービス全般を統括・管理する組織としての役割を明確化した組織名称とする」ことを狙いとして、e-TOYOTA部へと改称されたもの。

ネ事部
ねじぶ

「ネットワーク事業部」の略称。
トヨタの情報提供サービスを進める上で共通基盤となるネットワーク機能を高度に進化させる、という組織の役割を明確化した名称とした。

グロ人
ぐろじん

「グローバル人事部」の略称。総務・人事本部内に属し、海外駐在員の教育なども、ここが行なっている。

ITマネジメント部
あいてぃ・まねじめんとぶ

トヨタグループ全体の情報化戦略の推進体制を強化し、グローバルなITの中長期戦略の立案・推進、IT投資対効果の把握をより効率的に進めることを狙いとして、2002年に設立された。

CIT
しーあいてぃ

「コーポレートIT部」の略称。トヨタにおけるIT化の管理母体で、各種社内アプリケーションシステムの開発や国内外の通信ネットワークの構築および運用を取り仕切っている。

国企
こくき

「国内企画部」の略称。国内営業本部に属し、国内販売のとりまとめ管理部署。

海企
かいき

「海外企画部」の略称。海外企画本部に属し、海外販売のとりまとめ管理部署。

海外CS
かいがい・しーえす

「海外カスタマーサービス本部」「海外カスタマーサービス技術部」「海外カスタマーサービス営業部」などを指していう略称。いずれも海外における車両の保守・運用の取りまとめ部署である。

客関
きゃっかん

「お客様関連部」の略称。車両販売におけるお客様からの問合せ対応窓口を行なっている部署である。

知財
ちざい

「知的財産部」の略称。パテントの登録判定から管理までを行ない、知的財産に関わることを取り仕切っている。

FC生技部
えふしー・せいぎぶ

FCはFuel Cell（燃料電池）の略語で、2000年1月1日にBR

(Business Reform）生技室として発足し、2002年1月1日にFC開発センターFC生技部、2003年7月にFC開発本部FC生技部となった。

FC生技部は、燃料電池・2次電池の生産技術に軸足を置いた製品SEと、その量産プロセス開発・製造設備開発および試作を任務としている。技術部門と生技（生産技術）部門が一体となった開発推進、タイムリーで世界No.1のモノづくり、オリジナル技術の内部留保、社内とオールトヨタとの連携強化を方針としている。

ユニ生
ゆにせい

「ユニット生技部」の略称。ユニット部品における生産技術を取り仕切っている部署。

生管
せいかん

「生産管理部」の略称。生産管理・物流本部に属し、文字通り車両生産の計画から実績までを管理している。

PE
ぴーいー

「プラント・エンジニアリング部」の略称。トヨタの国内外工場などの計画、設計、申請、構築を行なっている。

生調
せいちょう

「生産調査部」の略称。TPS（トヨタ生産方式）の総元締めで、トヨタの品質を維持するためにある。

生技
せいぎ

「生産技術」のこと。生産技術本部を指してもいう。生技に関する部署には「生技管理部」「生技開発部」「車両生技部」「エンジン生技部」等があり、トヨタでは「生技」という言葉はごく一般的に使われている。

●トヨタの社内組織（2003年7月現在）

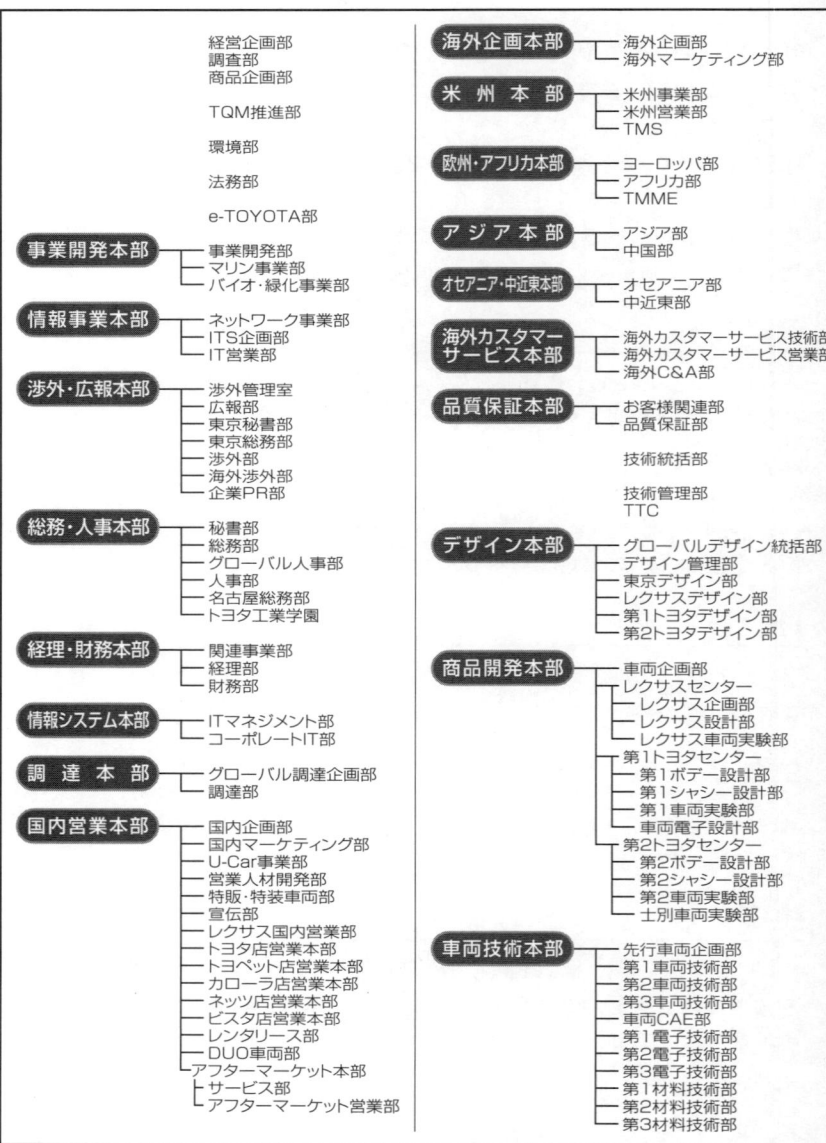

- 経営企画部
- 調査部
- 商品企画部
- TQM推進部
- 環境部
- 法務部
- e-TOYOTA部

事業開発本部
- 事業開発部
- マリン事業部
- バイオ・緑化事業部

情報事業本部
- ネットワーク事業部
- ITS企画部
- IT営業部

渉外・広報本部
- 渉外管理室
- 広報部
- 東京秘書部
- 東京総務部
- 渉外部
- 海外渉外部
- 企業PR部

総務・人事本部
- 秘書部
- 総務部
- グローバル人事部
- 人事部
- 名古屋総務部
- トヨタ工業学園

経理・財務本部
- 関連事業部
- 経理部
- 財務部

情報システム本部
- ITマネジメント部
- コーポレートIT部

調達本部
- グローバル調達企画部
- 調達部

国内営業本部
- 国内企画部
- 国内マーケティング部
- U-Car事業部
- 営業人材開発部
- 特販・特装車両部
- 宣伝部
- レクサス国内営業部
- トヨタ店営業本部
- トヨペット店営業本部
- カローラ店営業本部
- ネッツ店営業本部
- ビスタ店営業本部
- レンタリース部
- DUO車両部
- アフターマーケット本部
  - サービス部
  - アフターマーケット営業部

海外企画本部
- 海外企画部
- 海外マーケティング部

米州本部
- 米州事業部
- 米州営業部
- TMS

欧州・アフリカ本部
- ヨーロッパ部
- アフリカ部
- TMME

アジア本部
- アジア部
- 中国部

オセアニア・中近東本部
- オセアニア部
- 中近東部

海外カスタマーサービス本部
- 海外カスタマーサービス技術部
- 海外カスタマーサービス営業部
- 海外C&A部

品質保証本部
- お客様関連部
- 品質保証部

- 技術統括部
- 技術管理部
- TTC

デザイン本部
- グローバルデザイン統括部
- デザイン管理部
- 東京デザイン部
- レクサスデザイン部
- 第1トヨタデザイン部
- 第2トヨタデザイン部

商品開発本部
- 車両企画部
- レクサスセンター
  - レクサス企画部
  - レクサス設計部
  - レクサス車両実験部
- 第1トヨタセンター
  - 第1ボデー設計部
  - 第1シャシー設計部
  - 第1車両実験部
  - 車両電子設計部
- 第2トヨタセンター
  - 第2ボデー設計部
  - 第2シャシー設計部
  - 第2車両実験部
  - 士別車両実験部

車両技術本部
- 先行車両企画部
- 第1車両技術部
- 第2車両技術部
- 第3車両技術部
- 車両CAE部
- 第1電子技術部
- 第2電子技術部
- 第3電子技術部
- 第1材料技術部
- 第2材料技術部
- 第3材料技術部

パワートレーン本部
- エンジン企画部
- エンジンプロジェクト部
- 第1エンジン技術部
- 第2エンジン技術部
- 第2パワートレーン開発部
- 第3パワートレーン開発部
- パワートレーン制御開発部
- 第1ドライブトレーン技術部
- 第2ドライブトレーン技術部
- EHV技術部

- 知的財産部
- 試作部
- EQ推進部

- 設計管理部
- 東京技術部
- 東富士研究所管理部
- FP部

- モータースポーツ部

FC開発本部
- FC開発部
- FC生技部

- 安全衛生推進部
- プラント・エンジニアリング部

生産技術本部
- 生技管理部
- 生技開発部
- 計測技術部
- 生産物流システム生技部
- 車両生技部
- プレス生技部
- ボデー生技部
- 塗装生技部
- 組立生技部
- ユニット生技部
- エンジン生技部
- 駆動・シャシー生技部
- 鋳造生技部
- 鍛圧・部品生技部
- 広瀬工場電子生技部
- 広瀬工場電子ユニット製造部
- 貞宝工場工機管理部
- メカトロシステム部
- スタンピングツール部
- ダイエンジニアリング部

- 生産調査部

生産管理・物流本部
- グローバル生産企画部
- 生産管理部
- 新車進行管理部
- サービスパーツ管理部
- 物流企画部
- 生産部品物流部
- 車両物流部
- サービスパーツ物流部
- グローバル生産推進センター
- TMMNA
- TMEM
- トヨタ自動車技術センター（中国）

製造本部
- 本社工場
  - 工務部
  - 品質管理部
  - 鍛造部
  - 機械部
  - シャシー製造部
- 元町工場
  - 工務部
  - 品質管理部
  - 車体部
  - 機械部
  - 部品成形部
  - 総組立部
- 上郷工場
  - 工務部
  - 製造エンジニアリング部
  - 鋳造部
  - 第1機械部
  - 第2機械部
- 高岡工場
  - 工務部
  - 品質管理部
  - 車体部
  - 塗装・成形部
  - 組立部
- 三好工場
  - 工務部
  - 第1機械部
  - 第2機械部
- 堤工場
  - 工務部
  - 品質管理部
  - 機械部
  - 車体部
  - 成形部
  - 塗装部
  - 組立部
- 明知工場
  - 工務部
  - 製造エンジニアリング部
  - 鋳造部
  - 機械部
- 下山工場
  - 工務部
  - 製造エンジニアリング部
  - 第1機械部
  - 第2機械部
- 衣浦工場
  - 工務部
  - 品質管理部
  - 鋳鍛造部
  - 第1機械部
  - 第2機械部
- 田原工場
  - 工務部
  - 品質管理部
  - 機械部
  - 成形部
  - 車体部
  - 第1製造部
  - 第2製造部
  - 第3製造部

住宅事業本部（住宅カンパニー）
- 住宅企画部
- 住宅営業部
- 住宅開発部
- 住宅生産部
- 春日井事業所
- 栃木事業所
- 山梨事業所

- メディカルサポート部
- 歴史文化部

海外事務所
- 台湾事務所
- 中国事務所

トヨタインスティテュート

VVC

ぶいぶいしー

Virtual Venture Company

「ヴァーチャル・ベンチャー・カンパニー」の略称。従来のトヨタとは違ったクルマづくりを行なうことを目的に、1996年、社長直属の組織として、あたかも別会社のような組織として設立された。VVCでは従来のトヨタにはない、若者をターゲットにしたクルマづくりを目指した。2002年12月末に解散するまで、世の中に「Will」ブランドを出し、トヨタの既存組織の活性化に役立ったといわれている。

2003年1月、VVCは商品企画部に移管・再編され、その活動を通じて培ったノウハウ、スキルは、全社の商品企画に連動・反映され、商品企画力の強化につながっている。

なお、VVCには、自動車用語Variable Venturi Car-buretorの略称もあるが、これはフォードの一部の車種で採用されている「可変ベンチュリ型キャブレタ」の商標である。

一般国

いっぱんこく

トヨタでは、欧米を除いた海外の国々の総称として使われることがある言葉。アジアや南米、南アフリカなどを取りまとめてそう呼んでいる場合がある。

BR

びーあーる

Business Reform

トヨタ内では、新規の部署を作るとき、1年～3年の一定期間を決め、組織名の頭にBRをつけて発足させる（例：前出のBRFC生技室など）。大企業病に陥らないよう、柔軟に組織を作る一方で、組織をつぶせなくしないための工夫で、一定期間の間に当初の目標を達成できないと、組織は解散となる。ある期間が過ぎ、目標達成で

第4章 組織としての「トヨタ語」

きないことが見えてくると、社内での次の"就職活動"が始まる。目標達成した場合は、新組織として新たにBRがつかない部署名として発足する。社内にはいくつもBRの冠がついた部署があり、次々にできては消えていっている。

トヨタの役職・職種名

事技職
じぎしょく

事務技術系職種を指し、主に大卒社員である。

技能職
ぎのうしょく

技能系職種を指し、現業関係で事技職と対比していわれることが多い。

基幹職
きかんしょく

トヨタでは10年以上前から、社員の役割と身分を分離した。室長や主担当員などはそれぞれが所属する部署での役割であり、身分は職制によって決まっている。

基幹職とは基本的に課長以上を指し、管理職として指導する立場として労働組合も卒業となる。基幹職1級が「部長」、基幹職2級が「次長」、基幹職3級が「課長」と考えればよい。

〈トヨタの役職〉

技監	Executive-Advisory-Engineer
支社長、所長	General-Manager, 〜Office
副支社長、副所長	Deputy-General-Manager, 〜Office
工場長	General-Manager, 〜Plant
副工場長	Deputy-General-Manager, 〜Plant
部長	General-Manager, 〜Division
副部長	General-Manager, 〜Division
次長	Deputy-General-Manager, 〜Division
室長	General-Manager, 〜Department

主査	Project-General-Manager
課長	Manager
主担当員	Project-Manager
担当員、係長、工長	Assistant-Manager
組長	Group-Leader
班長	Team-Leader
CX	Chief-Expert
SX	Senior-Expert
EX	Expert

国内の製造拠点

※従業員等の数字は2002年3月現在のものである

本社工場（豊田市） — ほんしゃこうじょう

ランドクルーザーやトラック、バスのシャシー、鍛造部品、駆動関係部品等の生産を行なっている。1938年11月に完成した。豊田市トヨタ町1番地にあり、トヨタ本社内の事務棟や技術棟に隣接している。土地面積55万㎡（建物45万㎡）。従業員数3,000名。

元町工場（豊田市） — もとまちこうじょう

クラウン、ブレビス、プリウス等の最終組立工場。1959年8月に完成。土地面積161万㎡（建物83万㎡）。従業員数6,100名。今後は海外生産拠点のマザープラントとしての役割もここに集約していくことになっている。

上郷工場（豊田市） — かみごうこうじょう

1965年11月に完成、エンジンの生産を行なっている。土地面積93万㎡（建物54万㎡）。従業員数3,500名。

高岡工場（豊田市） — たかおかこうじょう

カローラ、イスト、ヴィッツ等の最終組立工場。1966年9月に完成した。土地面積143万㎡（建物71万㎡）。従業員数5,300名。

三好工場（愛知県西加茂郡三好町） — みよしこうじょう

駆動関係部品や小物部品の生産を行なっている。1968年7月に完成した。土地面積38万㎡（建物17万㎡）。従業員数1,700名。

堤工場（豊田市）

つつみこうじょう

　ウィンダム、カムリ、ウィッシュ等の最終組立工場。1970年12月に完成した。土地面積107万㎡（建物60万㎡）。従業員数5,500名。

●国内の製造拠点

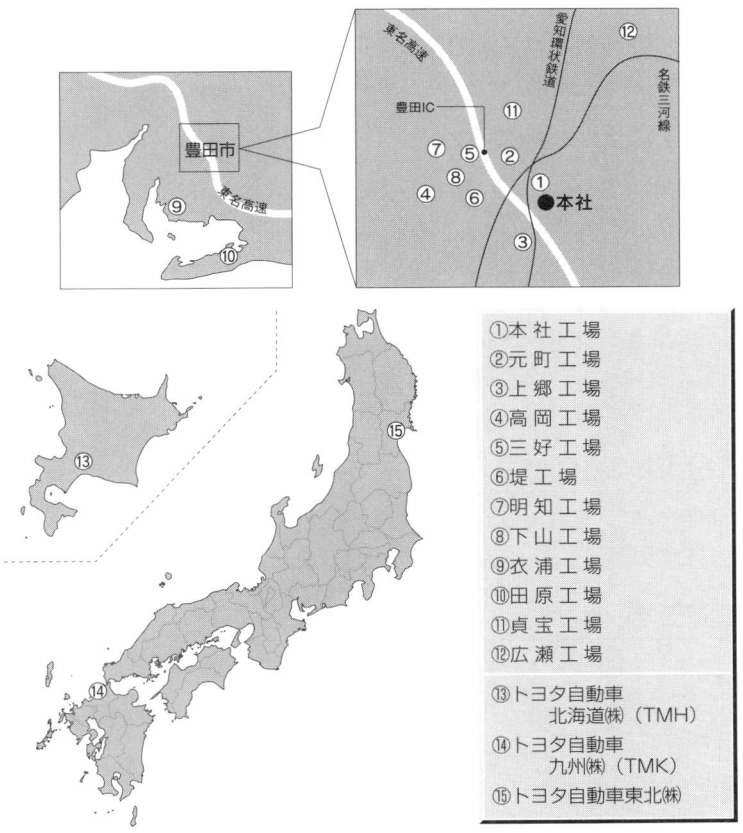

明知工場 (愛知県西加茂郡三好町)　　　　　　　　みょうちこうじょう

　エンジン、足回り鋳物部品や足回り機械部品の生産を行なっている。1973年6月に完成した。土地面積58万㎡（27万㎡）。従業員数1,900名。

下山工場 (愛知県西加茂郡三好町)　　　　　　　　しもやまこうじょう

　エンジンや排出ガス対策部品の生産を行なっている。1975年3月に完成した。土地面積45万㎡（建物23万㎡）。従業員数1,600名。

衣浦工場 (愛知県碧南市)　　　　　　　　　　　　きぬうらこうじょう

　1978年8月に完成し、駆動関係部品の生産を行なっている。土地面積92万㎡（建物36万㎡）。従業員数2,800名。

田原工場 (愛知県渥美郡田原町)　　　　　　　　　たはらこうじょう

　セルシオ、ランドクルーザー、RAV4等の最終組立とエンジンの生産を行なっている。1979年1月に完成し、土地面積は国内最大の406万㎡（建物114万㎡）。従業員数7,100名。

貞宝工場 (豊田市)　　　　　　　　　　　　　　　ていほうこうじょう

　機械設備、鋳鍛造型と樹脂成形型の生産を行なっている。1986年2月に完成した。土地面積30万㎡（建物11万㎡）。従業員数1,800名。

広瀬工場 (豊田市)　　　　　　　　　　　　　　　ひろせこうじょう

　電子制御装置やIC等の研究開発から生産までを行なっている。1989年3月に完成した。土地面積25万㎡（建物9万㎡）。従業員数1,300名。

第5章

グローバル・トヨタの「トヨタ語」

海外の主要拠点
北米：生産拠点
北米：その他の拠点
中南米：生産拠点
中南米：その他の拠点
欧州：統括・生産拠点
欧州：その他の拠点
アフリカ：統括・生産拠点
アフリカ：その他の拠点
オセアニア・アジア・中近東：生産拠点
オセアニア・アジア・中近東：その他の拠点

各地域の特色を考えたグローバル展開

●全世界で15％のシェアを目指した取組み

いま、トヨタは全世界で15％のシェアを目標に、現地生産・販売を進めている。

10％超のシェアを持ちビッグ3に食い込んで地歩を固めつつある米州市場は、米国の生産統括会社であるTMMNAと販売統括会社のTMS、これに持ち株会社TMAが加わった構成となっている。

欧州ではトヨタは苦戦している。1,600万台といわれる市場全体でトヨタ車の割合は70万台ほどだ。2005年に販売シェア5％を目標として、統括会社であるTMME（ベルギー）が、ディストリビューター（卸売業者）を順次傘下に収めていくことで強化を図っている。生産面では、隣接する生産統括会社のTMEM（ベルギー）のもと、TMMF（フランス）、TMUK（英国）、そしてチェコに新しく立ち上げるシトロエン社との合弁新工場TPCA等を展開し、現地での供給力を増していく。欧州では、規制の関係から、日本や米国のようなガソリン車ではなく、ディーゼル車の投入・対応が課題となっている。

販売と生産を急ピッチで進める未開拓・未知の大市場である中国では、2001年に設立された中国全体の統括会社TMCIのもと、2002年に天津のTTMCで生産を開始した。中国へは過去に進出を見合わせた経緯があり、VW（フォルクスワーゲン）等の欧州メーカーに遅れをとった形だが、ここにきて、ようやく本格的な態勢が整った。

中国を除くアジアでは、統括会社のTMAP（シンガポール）を新しく立ち上げた。ここに機能を集中させ、TMT（タイ）、TAM（イ

ンドネシア)、**TKM**（インド）といった生産拠点と連携することで、欧米とは違ったアジア圏でのビジネスを作り上げようとしている。具体的には、IMVプロジェクトとして、日本では生産していないアジア向け新車種を、南米や南アフリカと連携して共通プラットフォーム上で生産していく予定だ。

以上のように、それぞれの地域に適した方法を模索しながら、全体としての目標を達成するべく、順次手が打たれていっている。

● トヨタの海外進出の歴史

トヨタの海外進出は意外に古い。1950年にトヨタ自販が設立されると同時に朝鮮特需が始まり、その後、海外にディストリビューターを設置していくようになった。生産工場については、最初に海外生産工場を作ったのは1958年のブラジル（**TDB**）である。それに続き、1962年には生産拠点をタイ（**TMT**）、南アフリカ（**TSAM**）に展開していった。

最大市場であり、トヨタの利益の柱になっている米国市場には、1957年に販売拠点**TMS**を設立したのが第一歩である。生産拠点は単独での設立ではなく、GM（ゼネラル・モータース）社と組んで1984年に設立した**NUMMI**（ヌーミィー）が最初であり、対米進出は大変慎重に進められた。

アフリカへの進出は、1957年のエチオピア向けのクラウンとランドクルーザーの輸出から始まる。1959年に南アフリカやナイジェリアへの輸出が開始され、アフリカで多くの国が独立した1960年から、ディストリビューターの設立も増えていった。

欧州への進出は、日本と同じ小型車市場であったことから若干遅く、1963年のデンマーク向け輸出から始まっている。1964年にはオ

ランダとのディストリビューター契約によって、欧州本土への進出が実現した。その後、順次ディストリビューターが欧州に設立されている。欧州内での生産開始は比較的遅く、1992年にTMUK（英国）で開始された。

●開発会社やデザイン会社の設置

これまでトヨタは、統括会社、生産会社、販売会社を数多く海外に設立してきたが、これら以外にも開発会社として米国にTTCUSAを設立し、欧州ではベルギーのTMME内にその機能を持たせている。また、デザイン会社としても米国にCalty（キャルティ）、欧州にED²（イーディ・スクエア）が設立された。すべて日本を中心とする体制から、各機能をそれぞれの地域に持たせたバランスを考えた体制づくりが進められている。

また、2002年からトヨタはF1に参戦して話題を呼んでいるが、F1活動の拠点はドイツのTMGに置かれている。

グローバルという点では、このほどトヨタに初の外国人役員が誕生したことも注目されるところだ。2003年6月の株主総会において、トヨタは経営スピードを高めるため取締役の数を58名から半分以下の27名に減らし、常務役員制度を導入した。そこで、TMS（米国での販売統括会社）、TMMK（米国での製造拠点／ケンタッキー州）、TMUK（英国）より計3名の外国人常務役員が就任した。

※この章に掲載した海外拠点はすべてを網羅したものではない。この他、略語のないディストリビューター等が多数存在する。

第5章 グローバル・トヨタの「トヨタ語」

海外の主要拠点

※従業員数等の数字は基本的に2002年末の数字である

TMMNA
てぃえむえむえぬえー

Toyota Motor Manufacturing North America, Inc.

ケンタッキー州にある米国統括会社。北米現地生産における意思決定の迅速化とオペレーションの効率化を図るため、1996年10月に設立された。TMA(北米事業体の持ち株会社)資本100%。従業員数841名。北米製造事業体のコーディネイトと生産全般の支援、現地生産車両・部品の**TMS**および**TCI**向け卸売りを事業内容としている。TMMNAの略称でも長いので、後ろ2文字をとって「**NA**」(エヌエー)と呼ばれることもある。

TMS
てぃえむえす

Toyota Motor Sales, U.S.A., Inc.

カリフォルニア州トーランス市にある米国のトヨタ自動車の販売統括会社。1957年10月設立。TMA資本100%。従業員数5,943名。ディーラー数約1,400店。

2003年6月のトヨタの株主総会で、同社副社長兼COOのJames E. Press氏(56歳)がトヨタ初の外国人役員として常務役員に就任した。

参考)http://www.toyota.com　http://www.lexus.com

TMA
てぃえむえー

Toyota Motor North America, Inc.

米国ニューヨークにある北米事業体(製造・販売)の持ち株会社。1996年3月設立。トヨタ資本100%。従業員数72名。北米内の連携

181

強化(製造/販売/技術拠点間の課題把握と意見調整、他社との協業、新規事業推進等に伴う北米事務局)、調査、渉外・広報を事業内容とする。

TMME
てぃえむえむいー

N.V. Toyota Motor Europe Marketing & Engineering S.A.

　ベルギーにある欧州統括会社。欧州におけるトヨタオペレーションの中核組織の1つとすべく、TMSE(マーケティング会社)とERO(欧州事務所:1969年4月設置)を統合して1990年10月にTMME(トヨタモーター・ヨーロッパ・マーケティング&エンジニアリング㈱)として設立。トヨタ資本100%。従業員数1,100名強。車両の輸出入、物流管理、マーケティング、アフターサービス、部品・用品の調達輸出入、用品・特装車開発、車両・部品材料の評価・認証、デザイン・設計支援・生産技術支援を事業内容とする。2002年4月、新持ち株会社**TME**(トヨタモーター・ヨーロッパ)の100%子会社となり、7月にトヨタモーター・マーケティング・ヨーロッパ㈱に社名変更。話しをするときには「**ME**」(エムイー)と短縮して呼ばれることもある。

TMEM
てぃえむいーえむ

Toyota Motor Engineering & Manufacturing Europe S.A./N.V.

　ベルギーにある欧州各工場生産・改善活動支援、生産計画・物流企画・収益管理の現地化を目的とした統括拠点で、TMME(欧州統括会社/ベルギー)内にある。1998年10月設立。TME資本100%。従業員数600名。欧州事業の管理・間接部門の集約、製造事業体への効率的支援、欧州事業の競争力強化を事業内容とする。2002年7月にToyota Motor Europe Manufacturing S.A./N.V.から現社名に変更された。「**EM**」(イーエム)と短縮して呼ばれることもある。

TMMF

てぃえむえむえふ

Toyota Motor Manufacturing France S.A.S.

　フランスのノール県バレンシエンヌ南エスコーバレー工業団地にあるトヨタ車両製造拠点。1998年10月設立。TMEM資本100%。従業員数2,631名。敷地面積約2,300ha。2001年1月よりヤリス（日本車名ヴィッツ）の製造を開始した。

TMUK

てぃえむゆーけー

Toyota Motor Manufacturing (UK) Ltd.

　英国のトヨタ車両製造拠点。1989年12月設立、1992年12月より組立・製造開始。所在地はダービー州バーナストン。TMEM（欧州の統括拠点）資本100%。従業員数4,426名。第1組立工場でアベンシスを、第2組立工場でカローラを組立製造している。

　2003年6月のトヨタの株主総会で、同社社長のAlan J. Jones氏（62歳）がトヨタ初の外国人役員として常務役員に就任した。

TPCA

てぃぴーしーえー

Toyota Peugeot Citroën Automobile Czech

　PSA（プジョー・シトロエン社）との合弁会社で、2005年より欧州市場向けの小型乗用車を生産する。チェコ共和国コリン市に2002年3月設立された。敷地面積約120ha（約36万坪）。従業員数約3,000名を予定。車両生産工場（プレス、ボデー、塗装、組立工場）として、年間30万台の車両が生産され、うち10万台がトヨタブランドで販売される。

　両社より開発される新型車は、安全性や信頼性、環境保護の面で最新の技術を注ぎ込んだ、4人乗りの乗用車。最新の1.0リットルガソリンエンジン、1.4リットルディーゼルエンジンを搭載し、優れた燃費を実現する。このプロジェクトでは、それぞれのブランド

用に各々異なる外形デザインをもつ車が生産されるが、車の基本骨格や部品などについては、徹底的に共通化が進められる。

TMCI
てぃえむしーあい

Toyota Motor (China) Investment Co.,Ltd.

豊田汽車（中国）投資有限公司。

中国事業体への出資や中国全体のトヨタブランド車のマーケティング活動支援を目的とした中国の統括会社。2001年7月設立。トヨタ資本100％。従業員数150名前後。販売・サービス拠点へのトヨタスタンダードの展開・拠点指導、トヨタブランド車の宣伝企画・販促策立案・広報活動・マーケティング企画、投資コンサルティング・投資案件の調査を事業内容とする。車両販売は実施せず。

TTMC
てぃてぃえむしー

Tianjin Toyota Motor Co., Ltd.

天津豊田汽車有限公司。

中国におけるトヨタの製造・販売拠点。2000年6月設立。トヨタ資本50％。従業員数1,526名。2002年より生産を開始し、トヨタブランドで販売している。

TMAP
てぃまっぷ

Toyota Motor Asia Pacific Pte. Ltd.

トヨタモーター・アジア・パシフィック㈱。

「ティマップ」。シンガポールにあるアジアの統括拠点。ASEAN地域での相互補完に伴う多国間取引の調整運営を目的とする。1990年7月設立。トヨタ資本100％。従業員数157名。輸出入管理（自動車部品・車両の相互補完取引、輸出入戦略・輸出入業務運営、補給部品供給体勢の強化）、用品・特装商品の開発・販売、物流管理（受発注、納期管理、クレーム処理、各事業体支援）、渉外・調査、

第5章　グローバル・トヨタの「トヨタ語」

企画・営業などを事業内容とする。2001年4月にTMSSより社名を変更し、業務および機能を大幅に追加した。

TMT
てぃえむてぃ

Toyota Motor Thailand Co., Ltd.

タイ国トヨタ自動車㈱。

タイにあるトヨタ車両組立・販売拠点。1962年10月設立。トヨタ資本86.4％。従業員数4,095名。サムロン工場、ゲートウェイ工場があり、カムリ、カローラ、ハイラックス、ソルーナ等を生産している。ディーラー数約90店、販売拠点数約240店。

トヨタのタイ国内の総市場シェアは、20年以上首位をキープしている。乗用車市場（商用車を除く）での市場シェアは日本と同じようにトヨタ1社で40％に達し、カローラ等が大変売れている。タイ国のタクシーはカローラが圧倒的に多い。

参考）http://www.toyota.co.th　http://www.lexus.co.th

TAM
たむ

P.T. Toyota Astra Motor

トヨタアストラモーター㈱。

「タム」。インドネシアにあるトヨタの製造・販売拠点。トヨタ資本49％、51％をインドネシアの財閥であるアストラインターナショナル社が保有する。1971年12月設立。従業員数4,971名。2003年2月、製造事業と販売事業の分社化に合意。製造拠点は、新会社（TMMIN）となる。同年8月、トヨタは製造拠点TMMINの95％の資本を取得し、多目的車およびそのガソリンエンジンのグローバル生産・供給・輸出拠点としての体制を強化した。一方、販売事業体は従来通りの資本構成および社名（TAM）で存続する予定である。

　※TMMIN（P.T. Toyota Motor Manufacturing Indonesia）

TKM

てぃけーえむ

Toyota Kirloskar Motor Ltd.

　インドのバンガロールにあるトヨタの製造・販売拠点。1997年10月設立。トヨタ資本99%。

　1999年12月よりインド専用の多目的車である「クオリス」の生産を開始、2000年1月より販売を開始している。生産能力は年産約5万台程度。全用地面積は約420エーカー（約170万㎡）、内建屋（工場、事務所）は約10エーカー（約4万㎡）。従業員数2,029名。

TDB

てぃでぃびー

Toyota do Brasil Ltda.

　ブラジルのトヨタ車両・部品組立、車両・部品製造、販売拠点。1958年1月設立。トヨタ資本100%。生産開始時期1959年5月。従業員数1,570名。サンパウロ州にある。

　サンベルナルド工場では、バンデランテ生産、アルゼンチン向けハイラックス部品製造、米国向けハイラックス用補給部品製造を行ない、第2工場となるインダイアツーバ工場ではカローラを1998年8月より生産開始した。

　TDBは、トヨタ初の海外生産工場である。設立のきっかけは、1952年にトラックの大型輸出案件を受注したことにある。1955年には初の海外駐在員も派遣したが、翌56年にブラジル政府より国産化方針が打ち出され、ブラジルを有望市場と考えたトヨタは58年に生産工場を設立するに至った。

TSAM

てぃさむ

Toyota South Africa Motors (Pty) Ltd.

　「ティサム」。南アフリカのトヨタ車生産、販売、輸出拠点。1962年9月設立。TSA社100%資本。従業員数6,882名。カローラ、ダイ

第5章　グローバル・トヨタの「トヨタ語」

ナ、ハイエース、ハイラックス等を生産している。本社はサントン市、工場はダーバン市にある。

なお、トヨタ車は1980年以来22年連続で南アフリカでの販売シェアNo.1を誇る。

NUMMI　　　　　　　　　　　　　　　　　　　　　　　　　　　　ぬーみぃー

New United Motor Manufacturing, Inc.

「ヌーミィー」と読む。カリフォルニア州フリーモントにある米国の車両組立、製造拠点。1984年2月設立。トヨタ資本50%、GM（ゼネラル・モータース）資本50%。従業員数5,777名。1984年12月に生産を開始。トヨタ生産車種は、カローラ、VOLTZ、タコマで、別途GM向けにも生産あり。

GMにとってはトヨタ生産方式を学んでGMの工場にその強さを移管する場所であるとともに、トヨタにとってはいまも米国を学ぶ場所となっている。

TTCUSA　　　　　　　　　　　　　　　　　　　　　　　　　　　　てぃてぃしー

Toyota Technical Center U.S.A. Inc. Ann Arbor Office

「トヨタテクニカルセンターU.S.A.ミシガン州アナーバー」の略称。分室としてミシガン州プリマス、カリフォルニア州ガーデナ、アリゾナ州ウィットマン、ワシントンD.Cなどがある。設立は1977年6月で、トヨタ80%、アイシン精機、デンソーが各5%、米国トヨタが10%を出資。従業員数は634名。主な活動として、アメリカの部品・材料の試験や評価から、排出ガスの検定や技術的調査までの車両の研究・開発を実施している。

通常、「てぃてぃしー」と略して呼ばれることが多く、書く場合も**TTC**とだけ書くことが多い。

　※TTC-PLY：Toyota Technical Center U. S. A. Inc. Plymouth Officeの略
　　称。米国ミシガン州プリマスにあり、試作品調達、試作車両の製作、検

187

査を主要業務とする開発拠点。

※TTC-Sacrament：Toyota Technical Center U.S.A. Inc. Sacramento Officeの略称。米国サクラメントCaFCP（カリフォルニア州燃料電池パートナーシップ）内にある開発拠点。

Calty

きゃるてぃ

Calty Design Research Inc.

「キャルティ」。1973年10月、米国カリフォルニア州ニューポートビーチに設立。資本はトヨタ80％、米国トヨタ20％。従業員数は51名。トヨタ初の海外でのデザイン開発拠点で、日米のデザイナーによるスタイル・カラーデザイン開発、米国デザイントレンド調査、モデル製作を主業務とする。第二世代のセリカ、エスティマ（アメリカ名、プレビア）、ソアラ（アメリカ名、レクサスSC430）、タコマ、プリウス、ソラーラのデザインを開発。1991年5月に先進的な外観、内装、カラーデザイン開発用の建物が完成し、設備も一新された。

ED^2

いーでぃ・すくえあ

Toyota Europe Design Development S.A.R.L

豊田市にある本社デザイン部を核に、東京・欧州・北米を結んだグローバルなデザイン開発体制をトヨタでは敷いており、各地域の特性に合わせたデザイン開発が進められている。ED^2は、欧州におけるトヨタの生産・販売拡大計画に合わせ、欧州でのデザイン開発機能の一層の強化を目的として1998年10月にフランスのニース市郊外に設立された。2000年4月より稼動。内装・外装・カラーデザイン開発、欧州デザイントレンド調査、モデル製作を主要業務とする。従業員数は32名。

TMG

てぃえむじー

Toyota Motorsport GmbH

　トヨタ・モータースポーツ㈲の略称。ドイツのケルンに1993年7月に設立。従業員数は650名。主な活動は、F1カーの開発とF1レースへの参加。レース活動の拠点となっている。

北米：生産拠点

Bodine
ぼーだいん

Bodine Aluminum, Inc.

「ボーダイン」。ミズーリ州セントルイスにある米国のトヨタ部品製造拠点。1990年1月設立。1993年1月よりアルミ鋳物の生産を開始している。TMMNA（米国統括会社）資本100％。従業員数は889名。

TABC
てぃえーびーしー

TABC, Inc.

米国のトヨタ部品製造拠点。1974年1月設立。TABC Holding（TMMNA 100％の持株会社）資本100％。カリフォルニア州ロングビーチにあり、従業員数549名。生産品目には、触媒、トラックデッキ、ステアリングコラム、プレス部品がある。

TMMAL
てぃえむえむえーえる

Toyota Motor Manufacturing, Alabama, Inc.

米国のエンジン組付・機械加工拠点。2001年6月設立。TMMNA資本100％。米国アラバマ州マディソン郡ハンツビルにあり、敷地面積約200エーカー（約80万㎡）。従業員数約350名（フル稼働時）。海外でのトヨタV8エンジンをここで初めて生産した。ここで生産されるエンジンは、インディアナ州にあるTMMIの生産車に搭載される。

TMMK
てぃえむえむけー

Toyota Motor Manufacturing, Kentucky, Inc.

ケンタッキー州ジョージタウンにある米国の製造拠点。1986年1

月設立。1988年5月より、アバロン、カムリ、シエナの車両組立やエンジンの生産を行なっている。TMMNA資本100%。従業員数7,378名。

2003年6月のトヨタの株主総会で、同社社長Gary L. Convis氏(60歳)がトヨタ初の外国人役員として常務役員に就任した。

TMMI　　　　　　　　　　　　　　　　　　てぃえむえむあい

Toyota Motor Manufacturing, Indiana, Inc.

米国インディアナ州ギブソン郡プリンストンの車両組立・製造拠点。トヨタの北米における4番目の車両生産拠点でもある。ここで生産されるクルマには、アラバマ州にあるTMMALで作られたエンジンが搭載される。1996年2月設立。TMMNA資本100%。生産開始は1998年12月で、2つある工場の生産能力は年産30万台。西工場ではタンドラ、シクォイアを生産(2車種合計年産15万台)、東工場ではシエナ(年産15万台)を生産。従業員数4,064名。

TMMWV　　　　　　　　　　　　　てぃえむえむだぶりゅぶい

Toyota Motor Manufacturing, West Virginia, Inc.

米国ウエストバージニア州パットナム郡バッファロー地区のエンジン組付・機械加工、A/T組付・機械加工拠点。敷地面積は約93万㎡。従業員数879名。1996年5月設立。TMMNA資本100%。

1998年12月に最初の直4エンジンの生産を開始して以来、カローラ、マトリックス、シエナ、RX300およびバイブの5車種にエンジンを提供。エンジン工場では、直列4気筒(1800cc)エンジンとV6(3000cc)エンジンを組付、オートマチックトランスミッション工場ではカムリ用とRX300用を組付する。

TMMTX
てぃえむえむてぃえっくす

Toyota Motor Manufacturing, Texas, Inc.

　北米における現地化推進の一環として、米国テキサス州サンアントニオ市に建設する北米6番目の車両工場。生産車種はピックアップトラックの「タンドラ」で、2006年より年間15万台程度の生産を開始する予定である。2003年3月設立。TMMNA（米国統括会社）資本100%。敷地面積は約2,000エーカー（約800万㎡）で、従業員数は約2,000名を予定。

Captin
きゃぷてぃん

Canadian Autoparts Toyota Inc.

　カナダのブリティッシュ・コロンビア州デルタにあるトヨタ部品製造拠点。1983年3月設立。1985年よりアルミホイールを生産している。トヨタ資本100%。従業員数は226名。

TMMC
てぃえむえむしー

Toyota Motor Manufacturing Canada Inc.

　カナダのオンタリオ州ケンブリッジにあるトヨタ車両・部品組立、製造拠点。1986年1月設立。トヨタ資本100%。従業員数は3,442名。

　1988年11月から北米市場向けカローラの生産を開始し、1995年10月からはカローラに搭載するエンジンの生産も開始している。1997年8月に完成した第2工場では、新型カローラの生産も行なっており、これを契機に北米市場向けのカローラは全量現地生産に移行した。

　ここでの生産品目は、カローラ、カムリ、マトリックス、4気筒1.8リットルエンジン（カローラ用）等である。

TMMBC

てぃえむえむびーしー

Toyota Motor Manufacturing de Baja California S. de R. L. de C. V.

　メキシコのバハ・カリフォルニア州ティファナ市近郊に建設が予定されている工場。トヨタにとってメキシコにおける初の生産拠点となる。用地面積は約700エーカー（約280万㎡）。新工場では、米国カリフォルニア州にあるNUMMI（New United Motor Manufacturing＝ヌーミィー）で生産されているピックアップトラック「タコマ」用のデッキ（荷台）を生産する。生産開始は2004年を予定している。

●北米の生産拠点

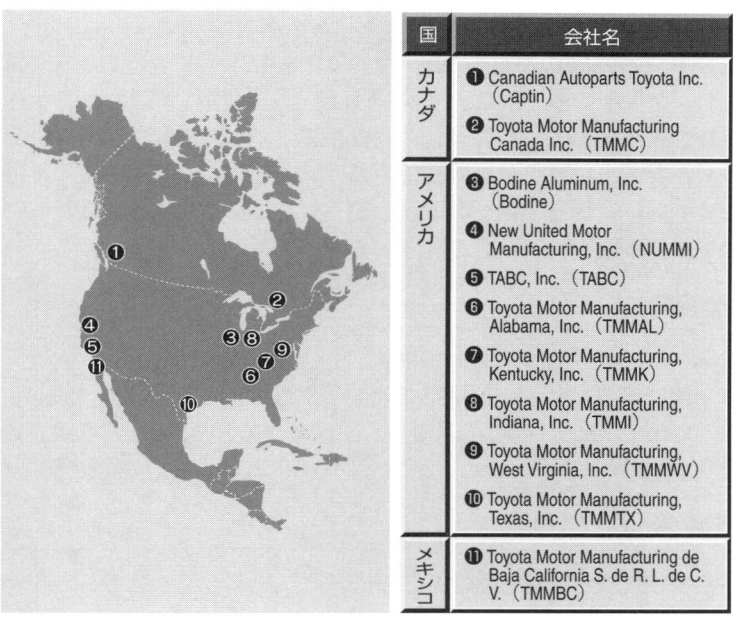

国	会社名
カナダ	❶ Canadian Autoparts Toyota Inc.（Captin） ❷ Toyota Motor Manufacturing Canada Inc.（TMMC）
アメリカ	❸ Bodine Aluminum, Inc.（Bodine） ❹ New United Motor Manufacturing, Inc.（NUMMI） ❺ TABC, Inc.（TABC） ❻ Toyota Motor Manufacturing, Alabama, Inc.（TMMAL） ❼ Toyota Motor Manufacturing, Kentucky, Inc.（TMMK） ❽ Toyota Motor Manufacturing, Indiana, Inc.（TMMI） ❾ Toyota Motor Manufacturing, West Virginia, Inc.（TMMWV） ❿ Toyota Motor Manufacturing, Texas, Inc.（TMMTX）
メキシコ	⓫ Toyota Motor Manufacturing de Baja California S. de R. L. de C. V.（TMMBC）

北米：その他の拠点

TCI
てぃしーあい

Toyota Canada Inc.

　カナダのトヨタ・ディストリビューター。1964年5月設立。トヨタ資本50%。従業員数493名。

　※なおトヨタでは、海外の卸売・流通拠点であるディストリビューター（Distributor）を、略して「**DIST**（ディスト）」ということがある。

TMEX
てぃえむいーえっくす

Toyota Motor Sales de Mexico, S. de R.L. de C.V.

　メキシコのディストリビューター。「メキシコトヨタ自動車販売㈲」をメキシコシティに2001年4月設立。TMS（米国の販売統括会社）資本99%。従業員数16名（2002年6月）。メキシコ国内においてカローラやカムリの販売を開始。2004年のNAFTA（北米自由貿易協定）によるメキシコ市場の輸入規制緩和動向等の市場環境を踏まえ、オペレーションを実施していく。

TAPG
てぃえーぴーじー

Toyota Arizona Proving Ground

　米国にあるアリゾナ試験場の略称。TTCUSA（Toyota Technical Center U.S.A. Inc. Ann Arbor Office）の一部であり、車両評価を行なっている。

TDPR
てぃでぃぴーあーる

Toyota de Puerto Rico Corp.

　プエルトリコのディストリビューター。1994年3月設立。TMS

資本100%。従業員数107名（2002年6月）。

TCCI
てぃしーしーあい

Toyota Credit Canada Inc.

　カナダの自動車販売金融会社。1990年の設立で、従業員は114名。

TMCC
てぃえむしーしー

Toyota Motor Credit Corporation

　米国の販売金融会社。1982年10月設立。自動車の販売金融や保険の取扱いを主な活動としており、従業員2,657名がいる。

TMPS
てぃえむぴーえす

Toyota Motor Personnel Services, U. S. A., Inc.

　米国の人材サービス会社。日本からの駐在員の場合、駐在先の会社と役職によって、直接トヨタから出向の場合と、TMPSに出向して、そこから派遣されている場合がある。

中南米:生産拠点

TASA
たさ

Toyota Argentina S.A.

アルゼンチンのブエノスアイレス州サラテ市にあるトヨタ車両組立・販売拠点。ハイラックスを生産している。1994年5月に設立され、1997年3月より生産開始。トヨタ資本100%。従業員数893名。

Sofasa
そふぁさ

Sociedad de Fabricacion de Automotores S.A.

コロンビアのトヨタ車両組立・製造・販売拠点。1969年設立。1992年3月よりランドクルーザー、ハイラックスの生産を行なっている。トヨタ資本17.5%。従業員数731名。

TDV
てぃでぃぶい

Toyota de Venezuela Compania Anonima

ベネズエラの北東部スクレ州クマナ市にあるトヨタ車両組立・販売拠点。1957年12月設立、1981年11月より生産開始。1989年にトヨタが資本参加して現在90%を保有している。カローラ、ランドクルーザー、ダイナ、テリオスを生産しており、年間生産能力は2万4,000台。従業員数1,126名。

ベネズエラでは、政府による小型乗用車の普及を目指した「国民車」構想により乗用車市場の半数程度を「国民車」が占めている。トヨタとダイハツは、海外協業プロジェクトとして、「国民車」の指定を受けた「テリオス」と、一部の国民車指定を受けていない「普通車」を、ディーラー網(販売拠点57店)を通じてダイハツブランドとして販売している。

第5章 グローバル・トヨタの「トヨタ語」

●中南米の生産拠点

国	会社名
アルゼンチン	❶ Toyota Argentina S.A. (TASA)
ブラジル	❷ Toyota do Brasil Ltda. (TDB)
コロンビア	❸ Sociedad de Fabricacion de Automotores S.A. (Sofasa)
ベネズエラ	❹ Toyota de Venezuela Compania Anonima (TDV)

中南米：その他の拠点

TCL
てぃしーえる

Toyota Chile S.A.

チリのディストリビューター。1980年設立。トヨタ資本なし。従業員数68名。

DTL
でぃてぃえる

Distribuidora Toyota Ltda

コロンビアのディストリビューター。1956年設立。トヨタ資本なし。従業員数192名。なお、コロンビアには、Sociedad de Fabricacion de Automotores S.A.という別のディストリビューターもある。

ITSA
あいてぃえすえー

Importadora Tomebamba S.A.

エクアドルのディストリビューター。1964年8月設立。豊田通商資本10%。従業員数193名。なお、エクアドルにはCasabaca S.A.という別のディストリビューターもある。

TDP
てぃでぃぴー

Toyota del Peru S.A.

ペルーのディストリビューター。1965年1月設立。1967年より販売開始。トヨタ資本49.8%。従業員72名。

C.C.I.E.
しーしーあいいー

ComptoirCaraibe D'Importatin Et D'Exportation

マルティニーク諸島（フランス海外州県）のディストリビュータ

ー。トヨタとは1972年9月より取引を開始した。従業員数64名。

DIDEA,S.A
でぃあいでぃいーえー

Distribuidora de Automoviles, S.A. de C.V.

　エルサルバドルのディストリビューター。1951年設立。1953年より販売開始。トヨタ資本なし。従業員数1,368名。

N.C.C.I.E.
えぬしーしーあいいー

NOUVEAU COMPTOIR CARAIBE D'Importation Et D'Exportation

　フランス領ギアナ（フランス海外州県）のディストリビューター。トヨタとは1976年4月より取引を開始した。従業員数25名。トヨタ資本なし。

TTTL
てぃてぃてぃえる

Toyota Trinidad & Tobago Ltd.

　トリニダード・トバコのディストリビューター。1995年12月設立。従業員数69名。豊田通商資本100％。

BTB
びーてぃびー

Banco Toyota Do Brasil S.A.

　「バンコトヨタブラジル」の略称。ブラジルの自動車販売金融会社。1999年1月設立。従業員数66名。

TCA
てぃしーえー

Toyota Credit Argentina S.A.

　アルゼンチンの自動車販売金融会社。1998年9月設立。従業員数28名。

TSM

てぃえすえむ

Toyota Services de Mexico, S.A. de C.V.

　メキシコの自動車販売金融会社。2001年10月設立。従業員数若干名。

TSV

てぃえすぶい

Toyota Service de Venezuela, C.A.

　ベネズエラの自動車販売金融会社。2001年10月設立。従業員数29名。

欧州：統括・生産拠点

TME
てぃえむいー

Toyota Motor Europe N.V./ S.A

「トヨタモーター・ヨーロッパ㈱」の略称で、ベルギーのブラッセル市内（TMEM、TMMEと同社屋）に2002年4月に設立された新規拠点。欧州での製造・販売が一体となった諸活動を推進することを目的に、欧州の製造を統括するToyota Motor Europe Manufacturing S.A./N.V.（以下TMEM）ならびに欧州の販売を統括するToyota Motor Europe Marketing & Engineering S.A./N.V.（以下TMME）の持ち株会社として設立。将来の欧州オペレーション全体の効率化・経営判断の迅速化の布石と、当面は渉外広報機能の強化を目指している。トヨタ資本100％。社長は元トヨタ社長で現最高顧問・豊田英二氏の息子である豊田周平氏（TMEM社長を兼務）。従業員32名。渉外・広報活動、トヨタ支援業務を主な事業としている。

TMMP
てぃえむえむぴー

Toyota Motor Manufacturing Poland Sp.zo.o.

欧州における3番目の生産拠点で、ポーランドのドルノシロンスケ県ヴァウブジフ市にある。ガソリン・エンジン、マニュアル・トランスミッションを製造し、納入先はTMUK、TMMF、TMMT。1999年9月設立、2002年より生産開始。TMEM資本100％。従業員数314名（フル生産時）。2005年よりTPCAで生産される新型車に搭載するガソリン・エンジンとマニュアル・トランスミッションも2004年より生産予定。

TMIP

てぃえむあいぴー

Toyota Motor Industries Poland Sp.zo.o.

　トヨタと豊田織機の合弁会社で、ポーランドのイェルチ・ラスコビツェ市におけるディーゼル・エンジン工場となる。2002年10月に設立して、2005年から生産開始。TMUKやTMMTのトヨタ車両工場向けに出荷される。年間15万基の生産を計画。従業員数は500名を予定。TMEM資本 60%、豊田織機資本40%。

●欧州の生産拠点

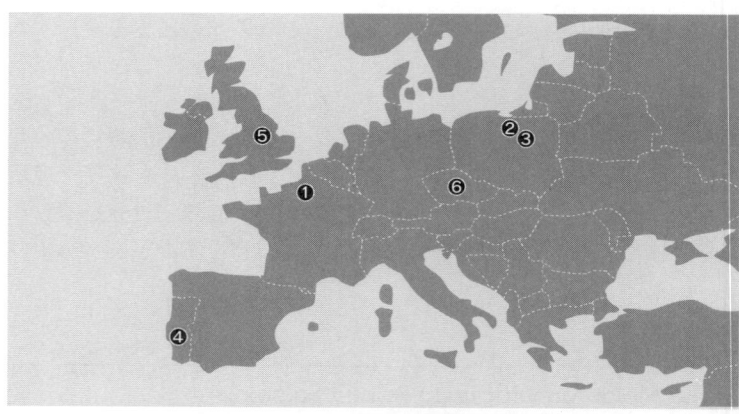

国	会社名
フランス	❶Toyota Motor Manufacturing France S.A.S.（TMMF）
ポーランド	❷ Toyota Motor Manufacturing Poland Sp.zo.o.（TMMP） ❸ Toyota Motor Industries Poland Sp.zo.o.（TMIP）
ポルトガル	❹ Salvador Caetano I.M.V.T., S.A.（Caetano）
イギリス	❺ Toyota Motor Manufacturing（UK）Ltd.（TMUK）
チェコ	❻ Toyota Peugeot Citroën Automobile Czech（TPCA）

Caetano

かえたの

Salvador Caetano I.M.V.T., S.A.

　ポルトガルの車両製造・販売拠点。従業員数758名。傘下ディーラー数27店。1946年6月設立。1968年8月より生産開始。1969年にトヨタ代理店として取引を開始、完成車販売およびCKD（Complete Knock Down）の委託生産を行なう。ダイナ、ハイエース、オプティモを生産し、エギゾーストパイプの輸出等も実施している。1971年にトヨタが資本参加（27%）し、現在に至る。

　なお、同社の略語としては、「Caetano」の他に「**SC**（えすしー）」も使われることがある。

欧州：その他の拠点

TAF
てぃえーえふ

Toyota Auto Finland Oy

　フィンランドのディストリビューター。1995年11月設立。TFO資本100%。従業員数159名。傘下ディーラー41店、直営店4店。1917年設立のKorpivaara Oy（コルピバーラ）社が前身で、1964年にトヨタの代理店契約を締結した。1995年11月にAmer Groupよりトヨタ関連部門を買収した。

　※TFO：Toyota Motor Finland Oyの略称。トヨタ資本100%。

TFR
てぃえふあーる

Toyota France S.A.S.

　フランスのディストリビューター。1971年2月設立。トヨタ資本100%。従業員数140名。傘下ディーラー166店（2001年10月）。販売テリトリーはフランス、アンドラ、モナコ。1993年にトヨタが35%の株式を取得し、その後1999年12月の増資により100%子会社化した。

TDG
てぃでぃじー

Toyota Deutschland G.m.b.H.

　ドイツのディストリビューター。1970年10月設立。トヨタ資本100%。従業員数407名。傘下のトヨタディーラー数268店、Lexusディーラー数49店。TDGの100%子会社として、TKG（販売金融会社）が1988年3月に、TLG（車両リース会社）が1990年1月に設立されている。2000年1月には金融部門を分離し、金融統括会社TFSDを設立した。

TDK

てぃでぃけー

Toyota Danmark A/S

デンマークのディストリビューター。1963年5月設立。トヨタ資本100%。従業員数98名。傘下ディーラー数96店。

1962年12月、デンマークの輸入車ディーラーであるエアラ・オート・インポート社の取締役社長W・クローン氏の強い要請により1台のクラウンをデンマークに輸出した。これが欧州への進出のきっかけとなった。

TAG

てぃえーじー

Toyota AG General Importer for Switzerland

スイスのディストリビューター。1967年設立。トヨタ資本なし。従業員数91名。傘下ディーラー数373店。

TMH

てぃえむえいち

Toyota Motor Hungary KFT

ハンガリーのディストリビューター。トヨタ資本50%、豊田通商資本50%。従業員数51名。傘下ディーラー数40店。

1990年、豊田通商がハイエース1,300台をハンガリー救急庁に納入契約し、そのフォローおよび新車販売のためToyota Tsusho Vehicle Sales Co.,Ltd.が設立された。これを母体に1991年12月、TMCと豊田通商の合弁会社としてTMHは設立された。ちなみに、TMHは「トヨタ自動車北海道」の略称でもある。

TNR

てぃえぬあーる

Toyota Norge AS

ノルウェーのディストリビューター。1973年4月設立。トヨタ資本40%。従業員数120名。傘下ディーラー数57店。1991年12月にト

ヨタが代理店持ち株会社Bauda社の株式40%を取得し、Bauda社100%子会社としてF.E.Dahl & Co. ASより現社名に変更した。

TFAG

てぃえふえーじー

Toyota Frey Austria Ges.m.b.H.

オーストリアのディストリビューター。1936年設立。1970年よりトヨタ車の販売を開始した。トヨタ資本なし。従業員数は91名。

TMPL

てぃえむぴーえる

Toyota Motor Poland Co., Ltd.

ポーランドのディストリビューター。従業員数97名。傘下ディーラー数52店（2002年1月）。1990年12月、日商岩井の100%出資会社として設立された。1993年4月にトヨタが資本参加し50%の株式を取得、2000年11月にトヨタ資本100%となった。

TMCZ

てぃえむしーぜっと

Toyota Motor Czech spol.s r.o.

チェコのディストリビューター。1993年11月設立。従業員数61名。トヨタ資本60%、豊田通商資本40%。傘下ディーラー数40店（チェコ共和国30店、スロバキア共和国10店）。

TES

てぃいーえす

Toyota Espana, S.L.

スペイントヨタ有限会社。スペインのマドリッド市に本拠地を置くディストリビューター。トヨタ資本35%。従業員数95名。傘下ディーラー数92店。1992年10月、トヨタの資本参加のもと、1983年から取引を開始していたNipauto社（AUTOMOVILES NIPONES, S.A.：親会社ベルヘ社（BERGE Y CIA, S.A.））との合弁企業として設立された。2002年9月、トヨタ資本100%となったが、レクサ

スの販売は引き続きNipauto社が5年間は継続する。

TAD
てぃえーでぃ

Toyota Adria d.o.o.

スロベニアのディストリビューター。1998年10月設立。豊田通商資本90％、TESA資本10％。従業員数は33名。

TSAB
てぃえすえーびー

Toyota Sweden AB

スウェーデンのディストリビューター。1974年設立。TSAB（Toyota Sweden Holding AB、トヨタ資本100％）資本100％。従業員数113名。傘下ディーラー数67店。

1963年、デンマークの代理店にスウェーデンの販売権を付与し、1969年にはトヨタ販売権をSalen&Wicander社が買収、1974年にToyota Autoimport社（現TSAB）が設立された。1994年5月、トヨタがTSABに出資。

T-Bel
てぃ・べる

Toyota Belgium S.A./N.V.

ベルギーのディストリビューター。1966年1月設立。トヨタ資本なし。従業員数174名。参加ディーラー数約220店。

TGB
てぃじーびー

Toyota（GB）PLC

イギリスのディストリビューター。1967年9月、Pride&Clark社の子会社として設立される。1990年3月、トヨタが資本参加（5％）し、1993年7月の20％増資、1998年1月の26％増資を経て、1999年7月に現社名となった。2000年9月よりトヨタ資本100％になり、現在に至っている。従業員数485名。傘下ディーラー数217店。

L&P

える・あんど・ぴー

Louwman & Parqui B.V.

オランダのディストリビューター。1923年設立。トヨタ資本なし。従業員数200名（2001年6月）。傘下ディーラー数127店（2002年6月）。1964年よりトヨタとの取引を開始し、現在に至る。

TMI

てぃえむあい

Toyota Motor Italia S.p.A.

イタリアのディストリビューター。1990年10月設立。トヨタ資本100%。従業員数171名。傘下ディーラー125店。

TBA

てぃびーえー

Toyota Baltic AS

エストニアのディストリビューター。1993年7月設立。Toyota Motor Finland Oy（トヨタ資本100%）資本60%。

TiI

てぃあいえる

Toyota Ireland

アイルランドのディストリビューター。1972年3月設立。トヨタ資本なし。従業員数112名。傘下ディーラー数57店。1973年にCKD（Complete Knock Down）車の組立も開始したが、1983年にCKD工場は閉鎖された。

TBEG

てぃびーいーじー

Toyota Beograd

セルビア・モンテネグロに設立された新会社「トヨタ・ベオグラード」の略称。旧ユーゴスラビア地域で自動車の小売事業を本格化し、トヨタ車の輸入代理業務だけでなく、直営販売店をも展開する。

2004年度にはクロアチア、さらにスロベニアにも直営販売店を設立する計画である。

TKG
てぃけーじー

Toyota kreditbank GmbH

ドイツにおける自動車の販売金融を主な業務としている。1988年より運営を開始し、従業員数は187名（TLGを含む）。

TLG
てぃえるじー

Toyota Leasing GmbH

ドイツにおける車両リース会社。1990年1月に設立した。上記のTKG同様、ドイツのディストリビューターTDG（Toyota Deutschland G.m.b.H.）の子会社である。

TFSUK
てぃえふえすゆーけー

Toyota Financial Service (U.K.) Plc

イギリスにおける自動車の販売金融会社。1988年11月に設立。従業員数140名。

TFSSW
てぃえふえすえすだぶりゅ

Toyota Financial Services Sweden

スウェーデンにおける自動車の販売金融会社。2000年3月に設立。従業員数17名。

TFSF
てぃえふえすえふ

Toyota Financial Financement

フランスにおける自動車の販売金融会社。1997年12月設立。従業員数58名。

TFSN
てぃえふえすえぬ

Toyota Finans Service Norge

　ノルウェーにおける自動車の販売金融会社。1997年10月設立。従業員数18名。

TFSI
てぃえふえすあい

Toyota Financial Services Italy

　イタリアにおける自動車の販売金融会社。1997年7月設立。従業員数48名。

TFSCZ
てぃえふえす・ちぇこ

Toyota Financial Services Czech s.r.o

　チェコ共和国における自動車の販売金融会社。2000年6月設立。従業員数14名。

TFF
てぃえふえふ

Toyota Finance Finland Oy

　フィンランドにおける自動車の販売金融会社。1995年8月設立。従業員数23名。

TBP
てぃびーぴー

Toyota Bank Polska S.A.

　ポーランドにおける自動車の販売金融会社。2000年3月の設立。従業員数22名。

TFSDK
てぃえふえすでぃけー

Toyota Financial Services Denmark a/s

　デンマークにおける自動車の販売金融会社。2002年3月の設立。

従業員数若干名。

TMF
てぃえむえふ

Toyota Motor Finance (Netherlands) B.V.

オランダにあるトヨタの金融子会社の略称。1987年から運営を開始し、関係会社への融資を主な業務としている。

TASC
てぃえーえすしー

Toyota Accessory & Service Center

アクセサリー・パーツセンター（ベルギー）。1995年1月設立。

TPCE
てぃぴーしーいー

Toyota Parts Center Europe

部品センター（ベルギー）。1993年1月設立。

EPOC
えぽっく

Europe Office of Creation

ベルギーのTMME（欧州での統括会社）内に設置されたデザイン・研究開発拠点。1989年に設立され、その後、デザイン機能はED^{2}に移転・統合された。

アフリカ：統括・生産拠点

※それぞれの位置は217ページの図参照。

TSA
てぃえすえー

Toyota South Africa (Pty) Ltd.

「南アフリカ・トヨタ社」の略称で、トヨタ資本はこれまで36%であったが、2002年8月からトヨタ資本75%となった。1961年に設立され、南アフリカ・サントン市に所在地を置く。生産拠点である**TSAM**の株式を100%所有する持ち株会社である。

なお、トヨタとともに25%の株式を保有するWESCO社は、METAIRという部品製造関係の持ち株会社を保有し、傘下にSMITHS社（A／C、ヒーター等）、ARMSTRONG社（ショックアブソーバー）など7つの部品製造メーカーを持っている。

AVA
えーぶいえー

Associated Vehicle Assemblers Ltd.

ケニアの組立拠点。1977年8月に生産工場が完成した。ダイナ、ハイエース、ハイラックス、ランドクルーザーを生産している。従業員数は280名（2003年4月）。

アフリカ：その他の拠点

TE
てぃいー

Toyota Egypt S.A.E.

　エジプトのディストリビューター。1978年12月設立。トヨタ資本なし。1979年からトヨタ車の販売を開始し、従業員数は156名。

TTL
てぃてぃえる

Toyota Tanzania Ltd.

　タンザニアのディストリビューター。1934年設立。トヨタ資本なし。1963年からトヨタ車の販売を開始し、従業員数は273名。

CAMI
しーえーえむあい

Cameroon Motors Industries

　カメルーンのディストリビューター。1974年設立。トヨタ資本なし。

TEAL
てぃいーえーえる

Toyota East Africa Ltd.

　ケニアのディストリビューター。1999年3月設立。豊田通商資本100%。従業員数308名。

AAL
えーえーえる

ALLIED AGENCIES LIMITED

　セイシェルのディストリビューター。1968年3月設立。トヨタ資本なし。

AFRIMA
あふりま

Agence Africaine de Distribution de Materiel S.A.R.L.

　コンゴのディストリビューター。1961年12月設立。トヨタ資本なし。

ASCO
えーえすしーおー

Anberbeb Share Company

　エリトリアのディストリビューター。1992年設立。トヨタ資本なし。

CMM
しーしーえむ

Compagnie Marseillaise de Madagascar Automobile

　レユニオン（フランスの海外州県）のディストリビューター。1898年設立。トヨタ資本なし。従業員数135名。

DIAMA
でぃあま

Distribution Automobile Malienne

　マリのディストリビューター。1977年設立。トヨタ資本なし。

GA
じーえー

Golden Arrow Co., Ltd.

　スーダンのディストリビューター。1946年設立。トヨタ資本なし。1963年よりトヨタ車の販売を開始し、従業員数は108名。

MMC
えむえむしー

Mayotte Motor Corporation SARL：M.M.C. SARL

　コモロのディストリビューター。1986年5月設立。トヨタ資本なし。

MOENCO
えむおーいーえぬしーおー

The Motor and Engineering Company of Ethiopia Ltd. S.C.
　エチオピアのディストリビューター。1959年1月設立。トヨタ資本なし。

SEGAMI
せがみ

Societe Equato-Guineenne D'Automobiles et de Materiel Industriels
　赤道ギニアのディストリビューター。1997年11月設立。トヨタ資本なし。

SOBEPAT
そべぱっと

Societe Beninoise de Pieces Automobiles de Tourisme
　ベニンのディストリビューター。1949年設立。トヨタ資本なし。

STEIA-SARL
すてぃあ

Steia-Sociedade Tecnica De Equipamentos Industriais E Acessorios, Lda
　ギニアビサウのディストリビューター。1990年11月設立。トヨタ資本なし。

TC
てぃしー

Toyota Canarias S.A.
　カナリヤ諸島（スペイン海外州県）のディストリビューター。1969年12月設立。住友商事95％資本。従業員数153名。

TCHAMI
てぃちゃみ

Tchad Motors Industries
　チャドのディストリビューター。1987年設立。トヨタ資本なし。

TDA

てぃでぃえー

Toyota de Angola S. A. R. L.

アンゴラのディストリビューター。1991年5月設立。豊通グループ資本95%。TMUK（英国）資本5％。

TDM

てぃでぃえむ

Toyota Du Maroc S.A.R.L.

モロッコのディストリビューター。1995年5月設立。トヨタ資本なし。1996年からトヨタ車の販売を開始し、従業員数は123名。

TGCL

てぃじーしーえる

Toyota Ghana Company Limited

ガーナのディストリビューター。1998年1月設立。丸紅グループ資本100%。

TM-SA

てぃえむ・えすえー

Toyota Mauritanie S.A.

モーリタニアのディストリビューター。1988年4月設立。トヨタ資本なし。

TNL

てぃえぬえる

Toyota (Nigeria) Limited

ナイジェリアのディストリビューター。1996年7月設立。トヨタ資本なし。従業員数は57名。

TZAM

てぃざむ

Toyota Zambia Ltd.

ザンビアのディストリビューター。1965年5月設立。豊田通商資

本100%。

TFSSA
てぃえふえすえすえー

Toyota Financial Services South Africa (Pty) Ltd.

　南アフリカにおける自動車の販売金融会社。2000年4月の設立。従業員数54名。

◉アフリカの生産拠点

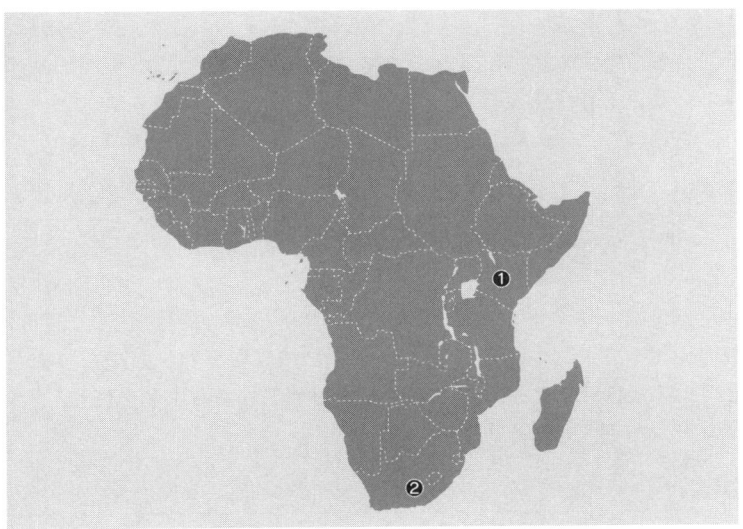

国	会社名
ケニア	❶ Associated Vehicle Assemblers Ltd. (AVA)
南アフリカ	❷ Toyota South Africa Motors (Pty) Ltd. (TSAM)

オセアニア・アジア・中近東：生産拠点

TABT
てぃえーびーてぃ

Toyota Auto Body Thailand Co., Ltd.

　「トヨタオート・ボディ・タイランド㈱」の略称で、1978年2月に設立された。1979年4月より操業開始。TMT（タイ）資本48.9%、NDT（タイデンソー）資本10.5%、TTTC（タイ豊通）資本10.5%等。従業員数は92名。TMTサムロン工場内にあり、ボデー部品のプレス製造を事業としている。

　※TMT：Toyota Motor Thailand Co.,Ltd.＝タイ国トヨタ自動車㈱。

STM
えすてぃえむ

Siam Toyota Manufacturing Co.,Ltd.

　「サイアム・トヨタ・マニュファクチャリング㈱」の略称で、タイにおけるディーゼルエンジンおよびブロックの機械加工・組付・販売、ガソリンエンジンの組付・販売、鋳物の製造・販売を事業としている。1987年7月に設立され、1989年7月から生産を開始した。トヨタ資本96%。従業員数は943名。

UMWT
ゆーえむだぶりゅてぃ

UMW Toyota Motor Sdn. Bhd.

　「UMWトヨタ社」の略称で、マレーシアの販売拠点。1982年10月取引開始。トヨタ資本39%。豊田通商資本10%など。従業員数は1,838名（2003年4月）。

ASSB
えーえすえすびー

Assembly Services Sdn. Bhd.

　マレーシアにあるトヨタ・日野車の組立拠点。カムリ、カローラ、ハイエース、ハイラックス等を生産する。UMWT資本100%。1968年5月設立。従業員数1,818名。

AISB
えーあいえすびー

Automotive Industries Sdn. Bhd.

　マレーシアのマフラー製造の部品会社。その約8割はプロトン社へ供給している。UMWT資本100%。従業員数約330名。

SIM
えすあいえむ

Seat Industries (Malaysia) Sdn. Bhd.

　マレーシアのシート製造の部品会社。UMWT資本100%。従業員数約140名。

T&K
てぃ・あんど・けー

T&K Autoparts Sdn. Bhd.

　マレーシアの部品生産拠点。2003年4月以降、株式譲渡によりトヨタ子会社から一サプライヤーとなった。油圧PSギヤ、MSギヤ、ボールジョイントを生産。従業員数234名。

TMMIN
てぃえむえむあいえぬ

P.T. Toyota Motor Manufacturing Indonesia

　2003年8月末、インドネシアのTAM（トヨタアストラモーター㈱）から分社化して設立された製造拠点。トヨタ資本95%。IMV（海外で生産するアジア向けのピックアップトラック／多目的車）の製造拠点としてグローバル生産・供給・輸出拠点となる。

TMP
てぃえむぴー

Toyota Motor Philippines Corp.

「フィリピン・トヨタ自動車㈱」。フィリピンの車両組立・製造・販売会社。1988年8月に設立、1989年2月から生産を開始した。カムリ、カローラ、TUV等を生産している。トヨタ資本34%。従業員数1,244名。ビクタン工場、サンタロサ工場が稼動している。ディーラー数17、拠点数23店。

TAP
たっぷ

Toyota Autoparts Philippines Inc.

「タップ」。フィリピンの部品組立拠点。1990年8月設立、1992年9月から生産開始。トランスミッションや等速ジョイントを生産する。トヨタ資本95%、TMP資本5%。従業員数624名。

TMV
てぃえむぶい

Toyota Motor Vietnam Co., Ltd.

「トヨタ・ベトナム有限会社」の略称。ベトナムにあるトヨタの車両の組立および販売拠点。1995年9月設立、1997年6月より本工場稼動。カムリ、カローラ、ハイエース、ランドクルーザー、TUV等を生産している。トヨタ資本70%。従業員数486名。

TMCA
てぃえむしーえー

Toyota Motor Corporation Australia Limited

オーストラリアの生産・販売拠点。1958年5月に設立され、1963年4月より生産開始。アバロンやカムリを生産している。トヨタ資本100%。従業員数4,286名。

第5章 グローバル・トヨタの「トヨタ語」

● 東アジア、東南アジアの生産拠点

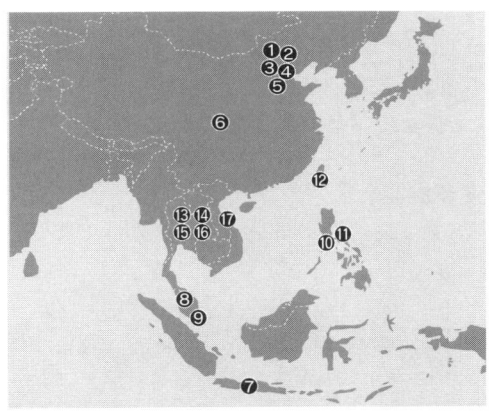

国、地域	会社名
中国	❶天津津豊汽車底盤部件有限公司（TJAC） ❷天津豊田汽車発動機有限公司（TTME） ❸天津豊津汽車伝動部件有限公司（TFAP） ❹天津豊田汽車鍛造部件有限公司（TTFC） ❺天津豊田汽車有限公司（TTMC） ❻四川豊田汽車有限公司（SCTM）
インドネシア	❼ P.T. Toyota Astra Motor（TAM）
マレーシア	❽ Assembly Services Sdn. Bhd.（ASSB） ❾ T&K Autoparts Sdn. Bhd.（T&K）
フィリピン	❿ Toyota Autoparts Philippines Inc.（TAP） ⓫ Toyota Motor Philippines Corp.（TMP）
台湾	⓬國瑞汽車股份有限公司（Kuozui）
タイ	⓭ Siam Toyota Manufacturing Co.,Ltd.（STM） ⓮ Hino Motors Thailand Co., Ltd. ⓯ Toyota Auto Body Thailand Co., Ltd.（TABT） ⓰ Toyota Motor Thailand Co., Ltd.（TMT）
ベトナム	⓱ Toyota Motor Vietnam Co., Ltd.（TMV）

221

Kuozui

こくずい

Kuozui Motor Ltd.

「こくずい（國瑞）」。「國瑞汽車股份有限公司」の略称。台湾にあるトヨタの製造拠点で、1984年9月に設立された。1986年から生産を開始し、カムリ、カローラ、TUV等を生産している。トヨタ資本51.7%。従業員2,648名。

ちなみに台湾では、クルマのシートは革張りでないと売れないといわれている。

SCTM

えすしーてぃえむ

Sichuan Toyota Motor Co.,Ltd.

「四川豊田汽車有限公司」の略称で、トヨタによる中国初の車両生産工場。四川省成都市成華区にあり、トヨタ車両製造・部品製造・販売拠点となっている。中国専用仕様の中型バス「コースター」を生産している。1998年11月の設立。トヨタ資本45%、豊田通商資本5%、四川旅行車資本50%。合弁期間は30年間となっている。従業員数約1,150名。敷地面積は約18万㎡。

TFAP

てぃえふえーぴー

Tianjin Fengjin Auto Parts Co.,Ltd.

「天津豊津汽車伝動部件有限公司」の略称。中国の天津市東麗区にあり、CVJ（等速ジョイント）の生産拠点となっている。1995年12月に設立され、1998年6月より生産開始。トヨタ資本90%の合弁企業で、合弁期間は30年。敷地面積約2万9,000㎡（うち建屋面積約1万㎡）、従業員数267名。

第5章 グローバル・トヨタの「トヨタ語」

TTFC
てぃてぃえふしー

Tianjin Toyota Forging Co.,Ltd.

「天津豊田汽車鍛造部件有限公司」の略称。中国の天津市東麗区にあり、鍛造粗形材の生産拠点となっている。中国で初めてのトヨタ100％出資の自動車用部品生産工場であり、トヨタの中国におけるモデル工場として位置づけられている。トヨタ生産方式を積極的に取り入れ、常温鍛造工程も導入し、高品質な製品を効率的に供給する体制を整えている。

1997年2月に設立、1998年から生産開始。天津シャレード用および輸出用等速ジョイント鍛造粗形材を生産している。敷地面積約11万8,000㎡（うち工場建物6,230㎡）、従業員数80名がいる。

TTME
てぃてぃえむいー

Tianjin Toyota Motor Engine Co., Ltd.

「天津豊田汽車発動機有限公司」の略称。中国の天津市西青区にあり、エンジンおよび部品の製造拠点となっている。1996年5月設立。天津汽車（集団）総公司とのエンジン生産合弁会社でトヨタ資本50％、天津汽車資本50％。主要生産品目は1300ccエンジン、1500ccエンジン、2200ccエンジン、および鋳物部品である。敷地面積約21万㎡に従業員数730名（2003年4月）がいる。

TJAC
てぃじゃっく

Tianjin Jinfeng Auto Parts Co.,Ltd.

「天津津豊汽車底盤部件有限公司」の略称。中国でのステアリング、プロペラシャフトの生産拠点。1997年7月設立。トヨタ資本30％。従業員数は408名。

TTCC

てぃてぃしーしー

Toyota Motor Technical Center (China) Co., Ltd.

「豊田汽車技術中心（中国）有限公司（トヨタ自動車技術センター（中国）有限会社）」の略称。

前身は、1995年4月に設立された「中国国産化技術支援センター」。同センターは、トヨタと中国のパイプ役として部品4社の設立に関わるとともに、技術移転を中心に活動してきた。それを今後の中国事業の展開に備え、中国における車両・部品の共同開発支援を含めた業務の拡大を図るために現地法人化し、天津市華苑産業区に本社を建設して社名変更したもの。

1998年2月に設立し、1999年1月に活動を開始。トヨタ資本100％で経営期間は30年間。敷地面積約2万5,500㎡のうち、事務・研究棟が約3,000㎡、車両整備棟が約1,000㎡となっている。事業内容は自動車および自動車部品の研究・開発・国産化に係わる技術コンサルティングサービスである。

TKAP

てぃかっぷ

Toyota Kirloskar Auto Parts Private Limited

「ティカップ」。「トヨタ・キルロスカ・オートパーツ株式会社」の略称。インドのカルナタカ州バンガロールにある部品製造拠点。Fr/Rrアクスルとプロペラシャフトを生産しているKSLの部品製造事業を分離し、そこへ新たにトヨタと豊田自動織機が出資する形で、2002年4月に設立された。トヨタ資本64％、豊田自動織機資本26％、KSL資本10％。従業員数約280名。TKMに隣接した工業団地内にあり、敷地面積約20万㎡。生産開始は2004年6月の予定。

※TKM：Toyota Kirloskar Motor Ltd.

●西アジア、中近東、オーストラリアの生産拠点

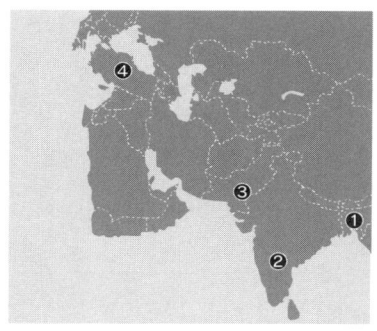
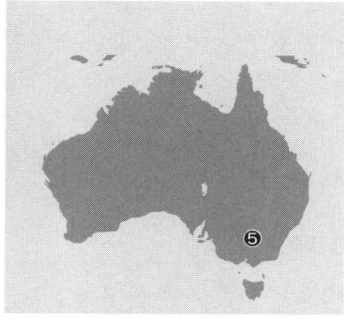

国	会社名
バングラデッシュ	❶ Aftab Automobiles Ltd.（Aftab）
インド	❷ Toyota Kirloskar Motor Ltd.（TKM）
パキスタン	❸ Indus Motor Company Limited（IMC）
トルコ	❹ Toyota Motor Manufacturing Turkey Inc.（TMMT）
オーストラリア	❺ Toyota Motor Corporation Australia Limited（TMCA）

TMMT
てぃえむえむてぃ

Toyota Motor Manufacturing Turkey Inc.

　トルコのトヨタ車両製造拠点。カローラを生産している。

　1990年7月に「トヨタサ（トヨタ・サバンヂ・モーター・マニュファクチャリング・ターキー㈱）」として設立され、1994年9月に生産を開始。2000年10月に資本構成の変更に伴い、TMMTに名称変更された。現在の資本構成はTMEM90％、三井物産10％。サカリヤ県アダパザリ市に敷地面積82万4,000㎡を持ち、従業員数は1,144名。

　※TMEM：Toyota Motor Engineering & Manufacturing Europe S.A./N.V.

IMC

あいえむしー

Indus Motor Company Limited

　パキスタンの車両製造・部品組立・販売拠点。1989年12月設立。トヨタ資本12.5%、豊田通商資本12.5%。従業員数814名。

　1993年3月から生産を開始し、カローラ、ハイラックスを生産している。

Aftab

あふたぶ

Aftab Automobiles Ltd.

　バングラデッシュのトヨタ車および日野車の車両組立・製造拠点。1976年設立。1982年7月から生産を開始し、ランドクルーザーを生産している。トヨタ資本なし。従業員数は110名。

　なお、同社はAALと略される場合もある。

第5章　グローバル・トヨタの「トヨタ語」

オセアニア・アジア・中近東：その他の拠点

TLT　　　　　　　　　　　　　　　　　　　　　　　　てぃえるてぃ

Toyota Leasing Thailand Co., Ltd.

「トヨタ・リーシング・タイランド㈱」。トヨタ車販売におけるユーザーへの小売金融（割賦金融およびリース）の提供を事業としている。1993年10月に設立された。TFS資本73.7%、TMT資本1.4%、TABT資本4.1%、TMF資本0.8%等。従業員数は370名。拠点数7店。

　※TFS：トヨタファイナンシャルサービス㈱
　　TMT：Toyota Motor Thailand Co.,Ltd.（タイ国トヨタ自動車㈱）
　　TABT：Toyota Auto Body Thailand Co.,Ltd.（トヨタ・オートボディ・タイランド㈱）

TTT　　　　　　　　　　　　　　　　　　　　　　　　てぃてぃてぃ

Toyota Transport Thailand Co., Ltd.

「トヨタ・トランスポート・タイランド㈱」。タイにおける車両輸送を事業としている。1994年11月、陸運局よりライセンスを取得。TABT資本76%。従業員数200名強。

TBS　　　　　　　　　　　　　　　　　　　　　　　　てぃびーえす

Toyota Body Service Co., Ltd.

「トヨタ・ボデーサービス㈱」。タイにおける車体の修復・塗装等のアフターサービスおよび販売店メカニックのボデー&ペイント修理教育の実施を事業としている。1993年1月から稼動。TMT（タイ国トヨタ）資本31%、TABT資本21%等。従業員数10名強。

TAW

てぃえーだぶりゅ

Thai Auto Works Co., Ltd.

「タイ・オートワークス㈱」。タイでボデー架装を事業としており、1988年5月に設立。TMT資本20%、TABT資本36%、TABJ資本20%等。従業員数300名強。

TATS

てぃえーてぃえす

Toyota Automotive Technology School

タイの2年制の高等自動車整備学校で、1998年6月にチャチェンサオ県（バンコクの東、約70km）に設立。自動車企業が経営する自動車整備の専門学校としては、タイ国では初めてであり、トヨタの教育カリキュラムと先端技術・教材を取り入れている。

TE&TC

てぃいー・あんど・てぃしー

Toyota Education and Training Center

タイにある総合トレーニングセンターの施設で、自動車整備技術およびセールス、部品等の教育研修を行なっている。1997年5月設立。人員体制約80名。

TBI

てぃびーあい

P.T. Toyota Bio Indonesia

事業開発部門下のバイオ・緑化事業として発足したトヨタの新規事業会社。2001年4月、インドネシア共和国スマトラ島南部のランプン州に設立された。

サツマイモを原料とした飼料製造ならびに生分解性プラスチック原料である乳酸製造を行なう。原料のサツマイモは、ランプン州の地元農家と契約し、生産を委託している。飼料用サツマイモを年産10万トン生産し、主に日本国内へ輸出する計画。トヨタが90%、三

井物産が10％出資し、資本金は21億円。年間売上高は10億円強の見込み。従業員数126名。

TTPI
てぃてぃぴーあい

Toyota Techno Park India Pvt. Ltd.

　組立会社のTKMの近くで、サプライヤーのインフラ供給基地として機能している。部品サプライヤー等が進出しやすいようにインフラを整え、場所や共通機能を工業団地として提供する。

　　※TKM：Toyota Kirlosker Motor Ltd.

TTCAP
てぃてぃしーえーぴー

Toyota Technical Center Asia Pacific

　技術管理部の海外研究開発拠点として活動し、オーストラリア（TTCAP-AU）とタイ（TTCAP-TH）の2つの拠点が設立されている。

TFA
てぃえふえー

Toyota Finance Australia Ltd.

　オーストラリアにおいて自動車の販売金融を主な活動としている。1982年から運営を開始し、従業員数284名。

TFNZ
てぃえふえぬぜっと

Toyota Finance New Zealand Ltd.

　ニュージーランドにおける自動車の販売金融を主な活動としている。1989年7月の設立。従業員数39名。

UMWTC
ゆーえむだぶりゅてぃしー

UMW Toyota Capital Sdn. Bhd.

　マレーシアにおける自動車の販売金融を主な活動としている。

2001年12月設立。従業員数92名。

一汽　　　　　　　　　　　　　　　　　　　　　　　　　　いちき

　中国第一汽車集団公司。

　中国の大手自動車メーカーである一汽とトヨタは、1970年代より、双方への訪問や視察を通じて友好関係を育んできた。2002年8月には、トヨタの中国における自動車事業に関して長期的な協力関係を結び、2010年までに年間30〜40万台の生産・販売規模を達成するために、共同事業関係を構築することで合意した。この合意を受け、両社は2003年4月、以下の4車種を中国で共同生産することを決定、契約を締結した。

- クラウン：TTMC（天津豊田汽車有限公司）に新たに建設する第2工場で生産
- カローラ：TTMC第1工場で生産
- ランドクルーザー：一汽の長春工場で生産
- ランドクルーザープラド：SCTM（四川豊田汽車有限公司）で生産

　また、トヨタは天津汽車工業（集団）有限公司との資本提携を行ない、SCTMの中国側親会社である四川旅行車廠とも合作に関して合意している。

STND　　　　　　　　　　　　　　　　　　　　　　　　えすてぃえぬでぃ

　四川豊田泥炭開発有限公司。

　保水性・保肥力に優れた特性を持つ中国四川省越西（イエシ）県産の泥炭を採掘・加工・輸出する会社として、2002年6月にトヨタ資本100％で設立。採掘権取得と工場建設を経て、2003年1月に四川省成都で操業開始した。ヒートアイランド現象や豪雨時の大量出水に悩む日本国内の都市部での屋上緑化など、土壌改良材としての活用が可能であると判断した。

日本での販売については、屋上緑化事業を行なうことを目的に設立された「トヨタルーフガーデン株式会社」が総代理店となった。

BMS
びーえむえす

Borneo Motors (Singapore) Pte. Ltd.

シンガポールのディストリビューター。1967年3月設立、同年8月に取引開始。トヨタ資本なし。従業員数503名。本社のほか1支社でトヨタ車の販売を行なっている。

Brunei
ぶるねい

NBT (Brunei) Sdn. Bhd.

ブルネイの車両販売会社。1967年11月設立、1973年8月に取引を開始した。トヨタ資本なし。従業員数130名。本社のほか2支店でトヨタ車を販売している。

CML
しーえむえる

Crown Motors Ltd.

香港のディストリビューター。1966年10月設立。トヨタ資本なし。従業員数867名。

Hotai
わたい

Hotai Motor Co., Ltd.

「ワタイ（和泰）」の略称。台湾にあるトヨタの販売統括会社。1947年9月設立、1949年から取引を開始した。トヨタ資本8.1%、日野資本2%。従業員数989名（2003年4月）。

TNZ
てぃえぬぜっと

Toyota New Zealand Ltd.

ニュージーランドのディストリビューター。1966年1月設立。ト

ヨタ資本100%。従業員数177名。

TMCL

てぃえむしーえる

Toyota Motor （China） Ltd.

「豊田汽車（中国）有限公司」。中国のディストリビューター。1993年6月設立、1994年から取引開始。トヨタ資本75%、豊田通商資本25%。従業員数83名。

TMKR

てぃえむけーあーる

Toyota Motor Korea Co., Ltd.

「韓国トヨタ自動車㈱」。レクサス車両・部品の輸入販売を事業としている。2000年3月、韓国ソウル市に設立し、2001年1月より販売を開始した。トヨタ資本100%。従業員数27名。

TMR

てぃえむあーる

「ロシアトヨタ有限会社」。ロシアのディストリビューターで、2001年7月設立。トヨタ資本70%。豊田通商資本30%。それまでロシアでは、1998年に駐在員事務所をモスクワに設立し、市場調査と商社を通じた現地ディーラー主体の販売活動が行なわれていた。

http://www.toyota.ru/

AK

えーけー

Atkins Kroll, Inc.

グアム（アメリカ領）のディストリビューター。1914年5月設立。1975年よりトヨタ車の販売を開始。トヨタ資本なし。従業員数176名。

S.I.A.P

えすあいえーぴー

Societe D'Importation Automobiles du Pacifique S.A.

ニューカレドニア（フランス海外州県）のディストリビューター。1969年10月設立。トヨタ資本なし。

TOYOTASA
とよたさ

Toyota Sabanci Marketing and Sales Inc.

トルコのディストリビューター。2000年9月設立。トヨタ資本25%、三井物産資本10%。従業員数131名。

UTS
ゆーてぃえす

United Traders Syndicate Pvt., Ltd.

ネパールのディストリビューター。1965年に設立。トヨタ資本なし。

ALJ ID
えーえるじぇいあいでぃ

Abdul Latif Jameel Import & Distribution Co.,Ltd.

サウジアラビアのディストリビューター。1955年4月設立。トヨタ資本なし。従業員数は2,500名。

A.M.T.C
えーえむてぃしー

Automotive & Machinery Trading Center

イエメンのディストリビューター。1923年設立、1956年からトヨタ車の取扱いを開始した。トヨタ資本なし。従業員数178名。

AST
えーえすてぃ

Al Saady Trading Co., Ltd.

シリアのディストリビューター。1993年1月設立。トヨタ資本なし。従業員数は91名。

CTA
しーてぃえー

Central Trade and Auto Co.

　ヨルダンのディストリビューター。1998年10月設立。トヨタ資本なし。

E.K.K.
いーけーけー

Ebrahim Khalil Kanoo W.L.L.

　バーレーンのディストリビューター。1952年設立、1967年からトヨタ車の販売を開始した。トヨタ資本なし。従業員数470名。

MNSS
えむえぬえすえす

Mohamed Naser Al-Sayer & Sons Est. Co. W.L.L.

　クウェートのディストリビューター。1930年設立、1956年からトヨタ車の販売を開始した。トヨタ資本なし。従業員数847名。

STCBL
えすてぃしーびーえる

State Trading Corporation of Bhutan（Private）Ltd.（政府公団）

　ブータンのディストリビューター。1984年4月設立。トヨタ資本なし。

TLPL
てぃえるぴーえる

Toyota Lanka（PVT）Limited

　スリランカのディストリビューター。1995年12月設立。豊田通商資本100%。

巻末付録

トヨタの歴史
トヨタの歴代社長
生産工程の概要
トヨタグループ一覧
トヨタグループの海外拠点の略称
トヨタを知るためのトップたちの語録

トヨタの歴史

年	主な出来事
1867年（慶応3）	豊田佐吉、誕生
1885年（明治18）	わが国初の専売特許条例公布。豊田佐吉、それに刺激され、発明を志す
1926年（大正15）	豊田自動織機製作所設立
1927年（昭和2）	豊田佐吉、死去
1933年（昭和8）	豊田喜一郎、豊田自動織機製作所に自動車部を設置
1935年（昭和10）	A1型試作乗用車完成、G1型トラック完成
1936年（昭和11）	トヨタ車（G1型トラック）初輸出
1937年（昭和12）	トヨタ自動車工業設立
1938年（昭和13）	挙母工場（現本社工場）操業開始 ジャスト・イン・タイム方式を本格的にスタート
1941年（昭和16）	豊田喜一郎、社長就任。豊田利三郎は会長に就任
1950年（昭和25）	トヨタ自動車販売設立。初代社長に神谷正太郎が就任。人員整理に伴う労働争議勃発。豊田喜一郎、社長辞任。代わって石田退三が社長就任
1952年（昭和27）	豊田喜一郎、豊田利三郎、死去
1955年（昭和30）	トヨペット・クラウン、トヨペット・マスター発売
1957年（昭和32）	米国トヨタ自動車販売設立。トヨペット・コロナ発売。国産乗用車対米輸出第1号（クラウン）
1958年（昭和33）	初の海外生産工場、トヨタ・ド・ブラジルS.A.操業開始
1959年（昭和34）	元町工場、操業開始。年産10万台突破
1961年（昭和36）	パブリカ発売。パブリカ店（現トヨタカローラ店）営業開始。石田退三、会長に就任。代わって中川不器男が社長就任。
1962年（昭和37）	トヨタ・モーター・タイランド設立。国内生産累計100万台達成
1965年（昭和40）	上郷工場、操業開始。デミング賞実施賞受賞
1966年（昭和41）	高岡工場、操業開始。カローラ発売
1967年（昭和42）	トヨタオート店（現ネッツ店）営業開始。中川不器男社長、死去。豊田英二、社長就任。トヨタ2000GT、ハイエース発売
1968年（昭和43）	三好工場、操業開始
1969年（昭和44）	輸出累計100万台達成。年間国内販売100万台達成
1970年（昭和45）	堤工場、操業開始。カリーナ、セリカ発売
1972年（昭和47）	国内生産累計1,000万台達成

1973年（昭和48）	明知工場、操業開始
1975年（昭和50）	下山工場、操業開始
1978年（昭和53）	衣浦工場、操業開始
1979年（昭和54）	田原工場、操業開始。輸出累計1,000万台達成。石田退三、死去
1980年（昭和55）	ビスタ店営業開始。セリカ・カムリ（現カムリ）発売。神谷正太郎、死去
1981年（昭和56）	豊田章一郎、トヨタ自販社長に就任。ソアラ発売
1982年（昭和57）	トヨタ自工とトヨタ自販合併、トヨタ自動車発足。豊田英二社長、会長に。豊田章一郎、社長就任。
1984年（昭和59）	米国でGMとの合弁会社NUMMIが生産開始
1985年（昭和60）	輸出累計2,000万台達成
1986年（昭和61）	貞宝工場、操業開始。国内生産累計5,000万台達成
1987年（昭和62）	欧州テクニカルセンター設立
1988年（昭和63）	TMMK（米国ケンタッキー工場）生産開始。年間国内販売200万台達成
1989年（平成元）	広瀬工場、操業開始。トヨタ博物館完成。セルシオ発売
1990年（平成2）	欧州統括会社TMME（ベルギー）設立。エスティマ発売
1992年（平成4）	「トヨタ基本理念」発表。トヨタ自動車北海道、トヨタ自動車九州、操業開始。英国工場TMUK生産開始。豊田章一郎、会長に就任。豊田達郎、社長に就任
1994年（平成6）	年間海外生産100万台達成。RAV4L、RAV4J発売
1995年（平成7）	奥田碩、社長就任。アバロン、グランビア発売
1997年（平成9）	ハリアー、ハイブリッド車のプリウス発売
1998年（平成10）	TMMI（米国インディアナ工場）、TMMWV（ウエストバージニア工場）、トヨタ自動車東北、操業開始。プログレ、ガイア、デュエット、アルテッツァ発売
1999年（平成11）	トヨタ・キルロスカ・モーター（インド）、操業開始。奥田碩、会長に就任。新社長に張富士夫、就任。国内生産累計1億台達成。ヴィッツ、キャミ発売
2000年（平成12）	金融統括会社「トヨタファイナンシャルサービス」設立。bB、プロナード、クルーガーV発売
2001年（平成13）	フランス工場TMMF、生産開始。アレックス、WiLL VS、エスティマハイブリッド発売
2002年（平成14）	天津豊田自動車、生産開始。F1参戦。プリウス、販売累計10万台突破
2003年（平成15）	TMMTX（米国サンアントニオ工場）設立。ウィッシュ発売

トヨタの歴代社長

トヨタ自動車（旧トヨタ自工も含む）

①豊田利三郎（1937年8月～41年1月）	始祖・豊田佐吉翁の婿養子。当時の豊田自動織機製作所社長
②豊田喜一郎（1941年1月～50年6月）	トヨタ自動車創業者。豊田佐吉翁の長男
③石田　退三（1950年7月～61年8月）	トヨタグループの大番頭、中興の祖
④中川不器男（1961年8月～67年10月）	三井銀行（当時）からの派遣
⑤豊田　英二（1967年10月～82年7月）	豊田佐吉翁の弟・平吉の嫡男。現・最高顧問
⑥豊田章一郎（1982年7月～92年9月）	豊田喜一郎氏の長男。現・取締役名誉会長
⑦豊田　達郎（1992年9月～95年8月）	豊田章一郎氏の弟。現・相談役
⑧奥田　碩（ひろし）（1995年8月～99年6月）	現・取締役会長。日本経団連初代会長
⑨張　富士夫（1999年6月～05年6月）	現・取締役副会長
⑩渡辺　捷昭（かつあき）（2005年6月～）	副社長から昇格。3代続けて豊田家以外から就任

トヨタ自動車販売

①神谷正太郎（1950年4月～75年12月）	日本GMを経て入社。「販売の神様」と呼ばれ、販売網の基盤を築く
②加藤　誠之（1975年12月～79年6月）	神谷氏の日本GM時代の部下
③山本　定蔵（1979年6月～81年6月）	第2次オイルショック後に社長就任
④豊田章一郎（1981年6月～82年6月）	トヨタ自工副社長と兼任。"工販合併"を実現

※2006年4月末現在。（　）内は社長在任期間。

生産工程の概要(1)──ボデーのプレス

- 鉄鋼メーカーから納入された鋼板を、プレス機械で成形・切断加工して、ボデーパネル等を作る。この工程は、図面上では Ⓟ（マルピー）と記載される。

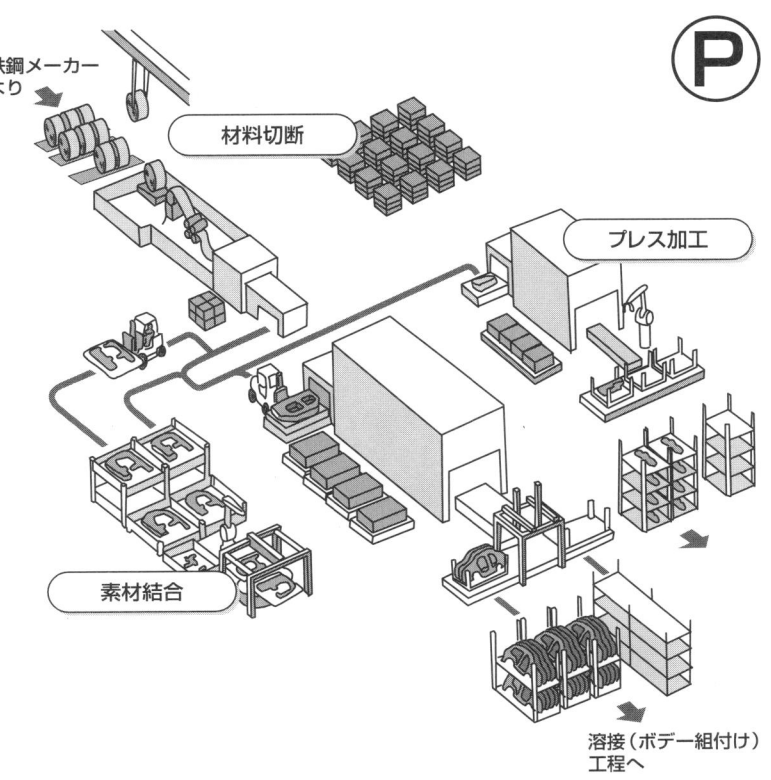

生産工程の概要(2)——溶接(ボデー組付け)

● プレスした部品を、溶接等によってボデーに組み付ける工程。溶接は4,000〜5,000箇所に上る。図面上では Ⓦ(マルダブリュ)と記載される工程。

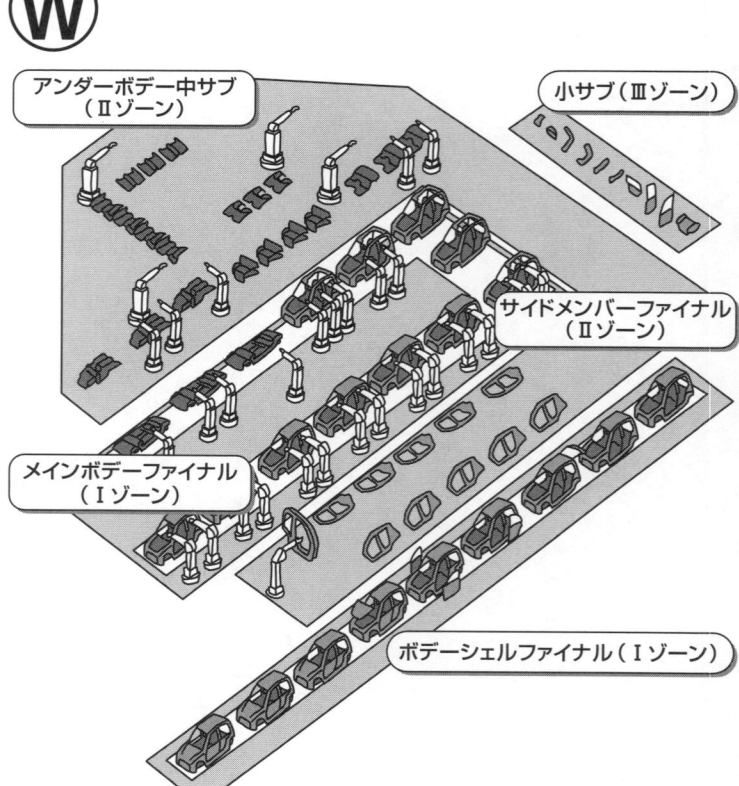

生産工程の概要(3)——塗装

● ボデーおよび部品に、塗装、シーリング、防錆処理を行なう工程。この工程は、図面上では⑪(マルティ)と記載される。下のイラストは、ボデーの塗装工程の概要である。

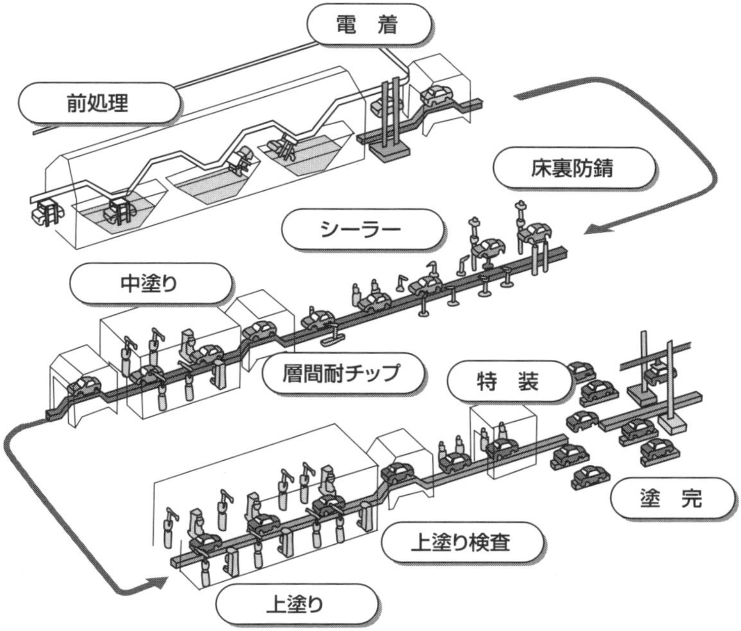

- 前処理
- 電着
- 床裏防錆
- シーラー
- 中塗り
- 層間耐チップ
- 特装
- 上塗り
- 上塗り検査
- 塗完

生産工程の概要(4)──組立

●車両の組立を行なう工程。図面上では Ⓐ（マルエー）と記載される。トリム工程（儀装。内外装部品の組付け）、シャシー工程（エンジンや足回り部品、タイヤ等の組付け）、ファイナル工程（シートやランプ、バンパー等の組付け）に分かれる。この後、検査工程を経て、車両として完成する。

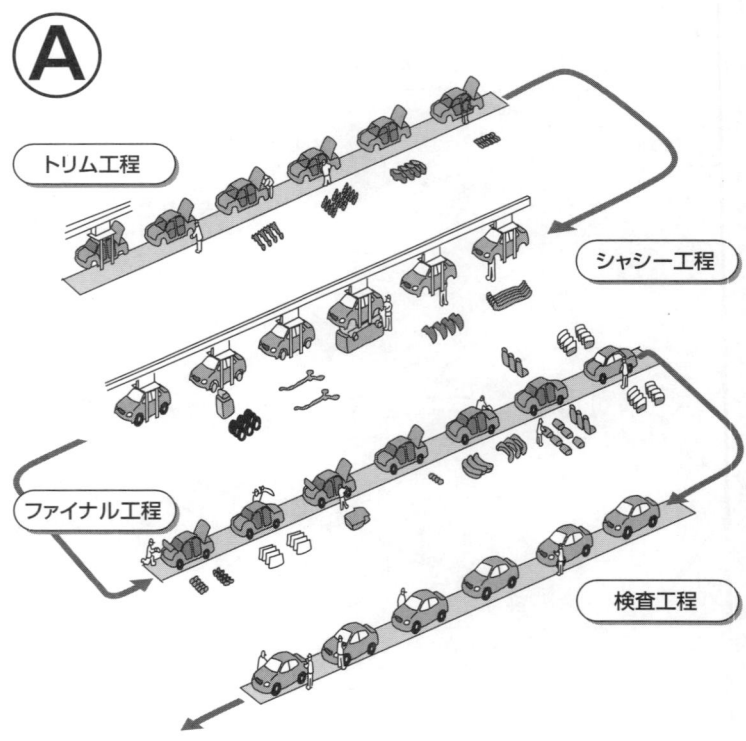

トヨタグループ一覧

会社名	設立	資本金 (百万円)	所在地	主な事業内容
㈱豊田自動織機 Toyota Industries Corporation	1926.11	68,046	愛知県 刈谷市	繊維機械、産業車両の製造・販売、乗用車のボデーおよび部品の製造
愛知製鋼㈱ Aichi Steel Corporation	1940.3	25,016	愛知県 東海市	特殊鋼、鍛鋼品の製造・販売
豊田工機㈱ Toyoda Machine Works, Ltd.	1941.5	24,805	愛知県 刈谷市	工作機械、自動車用部品の製造・販売
トヨタ車体㈱ Toyota Auto Body Co., Ltd.	1945.5	8,871	愛知県 刈谷市	乗用車、商用車、特殊車のボデーおよび部品の製造
豊田通商㈱ Toyota Tsusho Corporation	1948.7	26,748	名古屋市 中村区	各種原材料、製品の売買・輸出入
アイシン精機㈱ Aisin Seiki Co., Ltd.	1949.6	41,140	愛知県 刈谷市	自動車部品、住生活関連機器(ベッド、ミシン等)の製造・販売
㈱デンソー Denso Corporation	1949.12	187,456	愛知県 刈谷市	各種自動車用およびその他電装用品、空調設備ならびに一般機械器具、電気機械器具の製造・販売
豊田紡織㈱ Toyoda Boshoku Corporation	1950.5	4,933	愛知県 刈谷市	綿糸布およびその他繊維の糸布、化成品、自動車部品、家庭生活用品の製造・販売
東和不動産㈱ Towa Real Estate Co., Ltd.	1953.8	23,750	名古屋市 中村区	不動産の所有・管理・売買・貸借
㈱豊田中央研究所 Toyota Central Research and Development Laboratories, Incorporated	1960.11	3,000	愛知県 長久手町	総合技術の開発、利用に関する各種の研究試験・調査
関東自動車工業㈱ Kanto Auto Works, Ltd.	1946.4	6,850	神奈川県 横須賀市	乗用車、商用車のボデーおよび部品、住宅関連機器および建築用部材の製造
豊田合成㈱ Toyoda Gosei Co., Ltd.	1949.6	25,318	愛知県 春日町	ゴム・合成樹脂・ウレタン製品、半導体関連製品、電気・電子製品、接着剤等の製造・販売
日野自動車㈱ Hino Motors, Ltd.	1942.5	72,717	東京都 日野市	トラック、バス、乗用車、商用車、特殊車および部品の製造・販売
ダイハツ工業㈱ Daihatsu Motor Co., Ltd.	1907.3	28,404	大阪府 池田市	乗用車、商用車、特殊車および部品の製造・販売

※2003年3月現在。

トヨタグループの海外拠点の略称

●デンソー

米州

DIAM	Denso International America, Inc.
DMBR	Denso Manufacturing do Brasil
DMCN	Denso Manufacturing Canada, Inc.
DMMI	Denso Manufacturing Michigan, Inc.
DMTN	Denso Manufacturing Tennessee, Inc.
DNAZ	Denso Industrial Da Amasonia Ltda.
DNBR	Denso do Brasil Ltda.
DNKY	Denso Engineering services Kentucky, Inc.
DNMX	Denso Mexico S.A. De C.V.
DPAM	Denso Personal Services America, Inc.
DSCA	Denso Sales California, Inc.
DWAM	Denso Wireless Systems America Inc.
GNC	Asmo Greenville of North California, Inc.
MACI	Michigan Automotive Compressor, Inc.
AMI	Asmo Manufacturing Inc.
ANA	Asmo North America Inc.
ANC	Asmo North California, Inc.

欧州

DNEU	Denso Europe B.V.
DFHO	Denso Finance Holland
DHIT	Denso Holdings Italy
DIEU	Denso International Europe
DSIT	Denso Sales Italia S.r.l.
DIUK	Denso International UK
DMHU	Denso Manufacturing Hungary Ltd.
DMIT	Denso Manufacturing Italia S.p.A.
DMML	Denso Manufacturing Midlands Ltd.
DMPO	Denso Manufacturing Poland
DMUK	Denso Manufacturing UK Ltd.
DNBA	Denso Barcelona S.A.
DNDE	Denso Automotive Deutschland GmbH
DNMN	Denso Marston Ltd.
DSBE	Denso Sales Belgium N.V.
DSFR	Denso Sales France S.A.R.L.
DSSE	Denso Sales Swedeb AB
DSUK	Denso Sales UK Ltd.

アジア

DIAU	Denso International Australia Pty Ltd
CQD	Chongquing Denso Co., Ltd.
DIAS	Denso International Asia Pte. Ltd.

DNHA	Denso Harayana Private Ltd.
DNIA	PT. Denso Indonesia Corporation
DNIN	Denso India Ltd.
DNKI	Denso Kirloskar Industries Private Ltd.
DNMY	Denso Malaysia SDN. BHD.
DNTH	Denso Thailand Co., Ltd.
DNTW	Denso Taiwan Corporation
DSIN	Denso Sales India Pvt. Ltd.
DSKR	Denso Sales Korea Corporation
DTTH	Denso Tool & Die (Thailand) Co., Ltd.
TDA	Tianjin Denso Air-conditioner Co., Ltd.
TDE	Tianjin Denso Electronics Co., Ltd.

●豊田自動織機

MACI	Michigan Automotive Compressor, Inc.
TINA	Toyota Industries North America Inc.
TIEM	Toyota Industrial Equipment Mfg., Inc.
TMHU	Toyota Material Handling USA, Inc.
ACTIS	ACTIS Manufacturing Ltd. LLC
TLA	Toyota-Lift of Los Angeles, Inc.
TTM	Toyoda Textile Machinery, Inc.
TALPS	TAL Personnel Service, Inc.
TIS	Toyoda International Sweden AB
TDDK	TD Deutsche Klimakompressor GmbH
TGD	Toyota Gabelstapler Deutschland GmbH
TTN	Toyota Truck Norge AS
TTUN	Toyota Truckutleie Norge AS
TTD	Toyota Truck Danmark A/S
TTUD	Toyota TruckudlejningDanmark A/S
TIESA	Toyota Industrial Equipment, S.A.
TIEE	Toyota Industrial Equipment Europe, S.A.R.L.
TCEI	Toyota Carrelli Elevatoria Italia S.r.l.
TIEUK	Toyota Industrial Equipment(UK) Limited
TIE (Northern)	Toyota Industrial Equipment (Northern) Limited
KTTM	Kirloskar Toyoda Textile Machinery Limited
TIK	Toyota Industry (Kunshan) Co., Ltd.
TIFI	Toyota Industries Finance International

●豊田通商 ●

TTAI	Toyota Tsusho America Inc.
TTESA	Toyota Tsusho Europe S.A.
TTSPL	Toyota Tsusho Singapore Pte., Ltd.
TTTC	Toyota Tsusho Thailand
TTNI	TT Network Integration Asia Pte., Ltd.

トヨタを知るためのトップたちの語録

▷ 「そこの障子を開けてみよ、外は広いぞ」　── 豊田佐吉

▷ 「今に私が立派な国産品を作って、外国品を追っ払って見せる」
　　── 豊田佐吉

▷ 「創意と工夫を盛んにせよ」　── 豊田佐吉

▷ 「艱難は汝を玉にするとおなじく、此の元気と決心が不景気に処しての大なる力になる」　── 豊田利三郎

▷ 「…1本のピンも其の働きは国家に繋がる。各自の業務に無駄あるべからず」　── 豊田喜一郎

▷ 「『ジャスト、インタイム』に各部分品が整えられる事が大切」
　　── 豊田喜一郎

▷ 「我々はより良いものを造っていこうということで、1日1日改良している」　── 豊田喜一郎

▷ 「人は任務に生くべし…任務を全うして己を発揚す」　── 豊田喜一郎

▷ 「産業人としての私の信念は『自分の城は自分で守れ』ということ」
　　── 石田退三

▷ 「経営者の使命の第一は、会社をもうけさせることにある」　── 石田退三

▷ 「商人には"商売の道"がある。それは、世界に共通する『ビジネス・ルール』なのである」　── 石田退三

▷ 「需要とは創造すべきもの、つくり出すべきもの」　── 神谷正太郎

▷ 「一にユーザー、二にディーラー、三にメーカーの利益」　── 神谷正太郎

▷ 「ムダな動きは働きではない」　── 大野耐一

▷ 「対象に対して5回の『なぜ』を繰り返せ」　── 大野耐一

▷ 「『原因』より『真因』。原因の向こう側に真因が隠れている」
　　── 大野耐一

▷ 「乾いたタオルでも、知恵を出せば水が出る」　── 豊田英二

▷ 「企業こそ社会の活力の源泉である。高い成長に制約があるというが、むしろ最大の制約は人の心ではないか」　── 豊田英二

▷ 「経済の源泉はモノづくりから始まる」　── 豊田英二

▷ 「人間がモノをつくるのだから、人をつくらねば仕事もはじまらない」　── 豊田英二

▷ 「いかなる大企業といえども、社会の好意ある支援がなければ、発展はおろか、存立すらも危うくなる」　── 豊田英二

▷ 「3C精神──創造（Creativity）、挑戦（Challenge）、勇気（Courage）」　── 豊田章一郎

▷ 「魅力ある商品の実現はすべての基本である」　── 豊田章一郎

▷ 「いかなる努力も大きな目標なくしては失敗に終わる」　── 豊田章一郎

▷ 「自己変革を怠った企業は、時代のうねりの中に沈んでいく運命にある」　── 豊田章一郎

▷ 「これまで当然見えていたものが、当たり前として見えなくなっていないか」　── 豊田章一郎

▷ 「企業には変えてはならない本質の部分と、時代や環境に応じて変えていかなければならない部分がある」　── 豊田達郎

▷ 「進んで何もしない、何も変えないことが最も悪いこと」　── 奥田碩

▷ 「自分たちが世界一だと思いこむ、いわば『裸の王様』になってはいないか」　── 奥田碩

▷ 「『第二の創業』を成し遂げなければ、私たちに未来はない」　── 奥田碩

▷ 「このままでは日本の『人づくり』の良さがなくなってしまうのではないかと心配になります」　── 張富士夫

▷ 「トヨタの一員としての"自信と誇り"を持っていただきたいのですが、それ以上に大事なことは"謙虚さ"です」　── 張富士夫

▷ 「『人づくり』のキーワードは、『価値観の伝承』だと思います」　── 張富士夫

索 引

50音順

あ

アイシン精機㈱ …………………159
愛知製鋼㈱ ………………………157
アイディア選択会 …………………44
アイデントナンバー …………62,69
青図 …………………………………65
後工程引取り ……………………12,49
後補充生産 …………………………49
アバロン ……………………………130
アベンシス …………………………130
アムラックス ………………………154
アラコ㈱ ……………………………162
アリオン ……………………………130
アリスト ……………………………130
アルテッツァ ………………………130
アルファード ………………………131
アレックス …………………………131
あんどん ……………………………16

イスト ………………………………131
いちエー ……………………………48
一汽 …………………………………230
いちダブリュ ………………………48
いちピー ……………………………48
一般国 …………………………90,170
イプサム ……………………………131

ヴァーチャル・ベンチャー
・カンパニー …………………170
ヴィオス ……………………………131
ウィッシュ …………………………132
ヴィッツ ……………………………132
ウィンダム …………………………132
ヴェロッサ …………………………132
ヴォクシー …………………………132
ヴォルツ ……………………………132
内段取り ……………………………49
内段取り時間 ………………………52
運搬かんばん ……………………15,40
運搬のムダ …………………………55

栄豊会 ………………………………164
エスティマ …………………………133
エスティマハイブリッド …………133

オーパ ………………………………133
オールトヨタ ………………………156
オール・トヨタ
・セキュリティー・センター …95
オールトヨタデザイン研究会 ……68
お客様関連部 ………………………166
オンスケ抹消 ………………………62

か

ガイア ………………………………133
海外CS ………………………………166
海外カスタマーサービス営業部 ‥166
海外カスタマーサービス技術部 ‥166

海外カスタマーサービス本部……166
海外企画部………………………166
海外車両オーダー
　・出荷システム ……………125
海外生産用部品
　オーダーパッケージ …………98
海外代理店用
　補給部品受発注パッケージ……128
海企………………………………166
介護サービス車両
　運行管理システム ……………94
外設申……………………………70,75
カイゼン…………………………18
外注かんばん……………………15,41
外注品設計申入書………………75
外注部品納入かんばん…………15,41
係長………………………………173
加工のムダ ………………………56
課長………………………………173
可動率……………………………50
稼動率……………………………50
上郷工場…………………………174
カムリ……………………………133
通い箱……………………………61
カルディナ………………………134
カローラ…………………………134
カローラ店………………………115
関自………………………………160
完成車……………………………69
関東自動車工業㈱………………160
かんばん…………………………15
かんばん係数……………………41
かんばんサイクル………………41
かんばん振れ……………………96
かんばん方式……………………11

機械加工工程……………………44
機械組付工程……………………44
技監………………………………172
基幹職……………………………172
危険予知…………………………86
キジャン…………………………134
技術指示書………………………63,77
技術情報管理システム …………99
儀装………………………………47
衣浦工場…………………………176
技能職……………………………172
客関………………………………166
キャミ……………………………134
協豊会……………………………164

組立工程…………………………43
組長………………………………173
クラウン…………………………134
クルーガーⅤ……………………135
グループ12社……………………156
グローバル試作システム………104
グローバル需要計画システム……97
グローバル人事部………………165
グローバル生産状況
　検索システム…………………97
グローバル・ボデー・ライン……38
グロ人……………………………165
クロスドック方式………………13

計画図……………………………63
原価の見える化…………………18
現号………………………………63
検収………………………………63
現地・現物………………………57
現調品……………………………82
現場の見える化…………………18

工機	157
号口	26
号口車	67
号試	26
号試車	47,67
工場長	172
控除部品	76
合成	161
工長	173
工程間引取りかんばん	15,40
工程内かんばん	15,40
工程の流れ化	12,50
高度中距離・中量輸送システム	104
工務SMS	98
光洋精工㈱	164
コースター	135
コーポレートIT部	166
国企	166
國瑞	222
国内企画部	166
個々の能率	53
コンカレント・エンジニアリング	91
コントロール型式	62
コンフォート	135

さ

サイオン	135
サイクルタイム	50
在庫のムダ	56
材調	60
作業順序	24,50
作業標準	51
サクシード	135
さんかくアール	81
さんかくイー	81
さんかくエス	82

三角かんばん	40
産業技術記念館	153
シエナ	136
シェルボデー	81
仕掛かんばん	15,40
仕掛け順序表	51
事技職	86,172
支給品	82
シクォイア	136
試梱	64
試作車両組付部品調達システム	104
試作図	65
指示書A	64
指示書B	64
支社長	172
次長	172
室長	172
自働化	12,13
自販	150
自販機商品デリバリーシステム	93
下山工場	176
車種コード	64
ジャスト・イン・タイム	11,12
車体	158
車両実績ファイル	69
車両仕様検索システム	126
終検	65
修理に関するサービス情報システム	128
主査	173
主担当員	173
出図	65,95
順序引取り	51
順序表	51
順引き	51

上死点	79
仕様書	64
省人化	14,41
少人化	37,53
承認図出図案内	74
承認願図送付案内	68
省力化	41
職場の見える化	84
所長	172
織機	156
初品	60
新SMS	25,93,97
真因	22
信号かんばん	15,40
新資材調達システム	98
新車登録情報管理システム	129
真の能率	52

ストレッチ	83
スパーキー	136
スペック対応表	62
スペックリスト	81

生管	167
生技	167
成形樹脂工程	46
生産管理部	167
生産技術	167
生産調査部	167
生産のリードタイム	51
生産量ファイル	70,79
正式図	65
製造技術	60
生調	167
設確	65

設計技術情報	
電子出図化システム	95
設計計画書	70
設計変更	81
設計変更依頼書	70
設計変更検討依頼書	71
設備管理	60
設変	81
設変切替依頼書	71
セリカ	136
セルシオ	136
センチュリー	136
全ト	153
セントラル自動車㈱	163

ソアラ	137
総合購買情報管理システム	100
総合車両開発情報システム	100
外段取り	49
外段取り時間	52
ソラーラ	137
ソルーナ	137

た

ダイナ	137
ダイナミック	
・エボリューション	88
ダイハツ工業㈱	162
タウンエース	137
多回運搬	42
高岡工場	174
タクシー運行管理システム	94
タクトタイム	24,54
多工程持ち	37
タコマ	137
多台持ち	52

索引 5

縦持ち …………………………37
多能工 …………………………14
多能工化 ……………………37,52
田原工場 ……………………176
鍛造工程 ………………………44
担当員 ………………………173
タンドラ ……………………138
段取り替え時間 ………………52

知恵と改善 …………………31,57
知財 …………………………166
知的財産部 …………………166
中央精機㈱ …………………164
中研 …………………………160
鋳造工程 ………………………43
調達OP ……………………22,89
調達情報管理システム ……103
調達のSE活動 ………………22

通商 …………………………158
作りすぎのムダ ………………55
堤工場 ………………………175

定位置停止方式 ………………42
定時不定量運搬 ………………42
貞宝工場 ……………………176
定量不定時運搬 ………………42
手配図 …………………………65
手待ちのムダ …………………55
デュエット …………………138
㈱デルフィス ………………152
展開 ……………………………85
電子かんばんシステム ……101
電子制御サスペンション ……76
㈱デンソー …………………159
伝票 ……………………………66

㈱東海理化電機製作所 ……162
統合品質情報システム ……102
動作のムダ ……………………56
東和不動産㈱ ………………160
特設 ……………………………66
特装 ……………………………66
特調 ……………………………66
特定調達 ………………………66
特定調達依頼書 ………………66
特別供給部品 …………………76
塗装工程 ………………………46
特許情報検索システム ……100
トヨエース …………………138
トヨタアイティー
　開発センター㈱ …………152
トヨタインスティテュート …154
トヨタウェイ2001 …………19,31
トヨタ会館 …………………153
トヨタ技術標準 ………………78
トヨタ基本理念 ……………27,31
トヨタグループ ……………156
豊田工機㈱ …………………157
豊田合成㈱ …………………161
豊田綱領 ………………………27
トヨタ・コスト
　・コントロール・メソッド ……99
㈱トヨタ
　コミュニケーションシステム ‥150
トヨタ自工 …………………150
㈱トヨタシステム
　インターナショナル ……151
㈱トヨタシステムリサーチ …151
トヨタ自動車
　海外ネットワーク網 ………99
トヨタ自動車㈱ ……………149
トヨタ自動車規格 ……………78

索引

トヨタ自動車九州㈱……………149
トヨタ自動車東北㈱……………149
トヨタ自動車北海道㈱…………149
㈱豊田自動織機…………………157
トヨタ自販………………………150
トヨタ車体㈱……………………158
トヨタ生産技術規格………………77
トヨタ生産技術規定………………77
トヨタ生産方式……………………11
トヨタ・セキュリティー
　・センター……………………102
㈱トヨタソフト
　エンジニアリング……………151
㈱豊田中央研究所………………160
豊田通商㈱………………………158
トヨタデザイン…………………111
㈱トヨタデジタルクルーズ……152
トヨタ店…………………………115
トヨタ認定
　サービスステーション………128
トヨタハイブリッド方式…………91
トヨタ博物館……………………153
トヨタ〜販売店本部間
　イントラネットシステム……128
トヨタファイナンシャル
　サービス㈱……………………150
豊田紡織㈱………………………159
豊通………………………………158
トヨペット店……………………116
トリム工程…………………………47

な

内外配色指示図……………………66
「なぜ」を5回繰り返す……………23
ナディア…………………………138
肉盗み………………………………61
にダブリュ…………………………48
日調品………………………………82
人間性尊重…………………………31

ネ事部……………………………165
ネッツ店…………………………116
ネットワーク事業部……………165
年計…………………………66,122

ノア………………………………138
能増…………………………………67
納入サイクル………………………41
乗り継ぎ運搬………………………42

は

ハイエース………………………139
排ガス測定値管理システム………96
配車実績……………………………67
ハイメディック…………………139
ハイヤー方式………………………43
ハイラックス……………………139
バスロケーション案内システム…94
離れ小島……………………………53
はみだし品…………………………61
ハリアー…………………………139
班長………………………………173
販売店営業スタッフの携帯・パソコン用
　商談支援・活動支援システム…127
販売店活動の支援システム……127
販売店総合システム
　・パッケージ……………124,125
販売店本部〜店舗間イントラネット
　情報共有システム……………128

引取りかんばん………………15,40

ビスタ	139
ビスタ店	116
必要数でタクトを決める	12
日野自動車㈱	161
標準化	53,58
標準作業	13,24
標準手持ち	24
広瀬工場	176
品確車	47
品質管理規格	74
品質管理規定	74
品質情報解析システム	126
品番別進捗管理システム	97
ファンカーゴ	139
副工場長	172
副支社長	172
副所長	172
副部長	172
部長	172
船積重点管理	122
部品情報システム	95
部品のSE活動	22
部品必要数計算	67
部品表	67
部品輸送ダイヤ作成パッケージ	102
プラッツ	140
プラント・エンジニアリング部	167
フリーエントリー	122
プリウス	140
不良品・手直しのムダ	56
フレームナンバー	62
フレキシブル・ボデー・ライン	38
プレス工程	44
ブレビス	140
プレミオ	140
フローラック	62
プログレ	140
プロナード	140
プロボックス	141
フロントローディング	89
平準化	13,51,53
紡織	159
ポカヨケ	38
補給部品オーダー・出荷システム	125
補給部品生産工程管理システム	99
保守費	68
保全費	67
本社工場	174
本吹	61

ま

マークⅡ	141
マスト	83
マルアール	46
マルアイ	44
マルエー	43
マルエフ	44
マルエム	44
㋕	46
マルカ	46
マルケー	44
マルシー	43
㊂	47
マルシン	47
マルダブリュ	46
マルティ	46
マルピー	44
㋮	46

マルマ …46	ランダウン …63
㋲ …47	ランドクルーザー …141
マルモ …47	
	りんぎ車両 …63
見える化 …17	臨時かんばん …41
見える化・分かる化 …57	
見かけの能率 …53	レクサス …141
水すまし …43	レクサスデザイン …112
見積照会 …68	レジアス …142
明知工場 …176	
三好工場 …174	**わ**
ミルクラン …13	和泰 …231

ムラ・ムリ・ムダ …55

メーカー完成特装車 …79
目で見る管理 …16,18

元町工場 …174
ものさし …56

や

輸出車両総合管理システム …124
ユニ生 …167
ユニット生技部 …167

溶接工程 …46
横展 …20,24,85
横持ち …52
寄せ止め …57

ら

ライトエース …141
ラインオフ …62
ライン振替 …63
ラウム …141

数字・アルファベット順

数字

1A …48
1P …48
1W …48
1個流し生産 …58
1次号試 …48
2W …48
3DV …85
3D活動 …84
4M …59
4S …58
5M …59
5S …58

A

Ⓐ …43
A-TOP …125
A.M.T.C …233
AAL …213

索引

AB制御	59
action Y活動	89
AD21	113
AFRIMA	214
Aftab	226
ai21	124
AISB	219
AK	232
ALC	94
ALJ ID	233
ALLEX	131
ALLION	130
ALPHARD	131
ALTEZZA	130
ARISTO	130
ASA	68
ASCO	214
ASSB	219
AST	233
ATAC	102,124
ATODE	68
ATOMS	81,124,125
ATSC	95
AVA	212
AVALON	130
AVENSIS	130

B

bB	142
BMS	231
Bodine	190
BR	170
BREVIS	140
BRMB	89
Brunei	231
BTB	199

C

©	43
C.C.I.E.	198
C90	124,125
Caetano	203
CALDINA	134
CALLORA	134
Calty	188
CAMI	134,213
CAMRY	133
Captin	192
CarLots	118
CBU	69,126
CCC21	20,88
CD品質	112
CE	82,89,90
CELICA	136
CELSIOR	136
CENTURY	136
CEイメージ	22
CE構想	22,89,90
CIT	166
CKD	69
CMF	69
CML	231
CMM	214
CMW	164
COASTER	135
COMFORT	135
COMPASS	104
COSMOS	125
CPL	69
Crayon	120
CROWN	134
CTA	234

索引

CX ······ 173

D
DAC ······ 70
DAS ······ 126
DCR ······ 70
Delz ······ 95
DIAMA ······ 214
DIDEA,S.A ······ 199
DIO ······ 123
DISCAS ······ 95
DIST ······ 127,194
DMC ······ 162
DPS ······ 70
DTL ······ 198
DUET ······ 138
DYNA ······ 137

E
Ⓔ ······ 81
e-TOYOTA ······ 165
e-かんばん ······ 15,96
E.K.K. ······ 234
ECAS ······ 96
ECF ······ 70
ECI ······ 71,77
ECR ······ 71
ECT ······ 71
ECT-S ······ 72
ED^2 ······ 188
EM ······ 182
EPOC ······ 211
EQ活動 ······ 19
ESTIMA ······ 133
ESTIMA HYBRID ······ 133
EX ······ 173

F
Ⓕ ······ 44
FBL ······ 38
FC生技部 ······ 166
FUNCARGO ······ 139

G
G-ALC ······ 97
G-BOOK ······ 115
GA ······ 214
GAIA ······ 133
Gazoo ······ 113
GBL ······ 38
GNP ······ 121
GOA ······ 121
GPM ······ 97

H
HARRIER ······ 139
HIACE ······ 139
HILUX ······ 139
HIMEDIC ······ 139
HMC ······ 161
Hotai ······ 231

I
Ⓘ ······ 44
IMC ······ 226
IMTS ······ 104
IMV ······ 90
IMVプロジェクト ······ 87
IPSUM ······ 131
IST ······ 131
ITC ······ 152
ITSA ······ 198
ITマネジメント部 ······ 165

IVIS	114

J
JIT	12

K
Ⓚ	44
KDMF	72
KD実績ファイル	72
KIJANG	134
KLUGER V	135
KPI-MAPS	97
Kuozui	222
KY	86
KYT	86

L
L&P	208
L-finesse	112
L/O	62
LAND CRUISER	141
LCA	98
LEXUS	141
LITEACE	141
LOT No.	72

M
Ⓜ	44
MAPS	98
MARK Ⅱ	141
MAST	83
ME	182
MEGAWEB	154
MMC	214
MNSS	234
MOENCO	215
MONET	121
MOS	126
MR-S	142
MVIS	114

N
N.C.C.I.E.	199
NA	181
NADIA	138
NAVI	98
NOAH	138
NUMMI	187
NVIS	113

O
OASIS	126
OPA	133

P
Ⓟ	44
P-SMS	98
PAL	127
PASS WORD	73
PE	167
PICS	104
PIO	122
PIPIT	127
PLATZ	140
POST	98
PPC	73
PREMIO	140
PRIUS	140
PROBOX	141
PROGRES	140
PRONARD	140

Q

QCMS	73
QR	74
QS	74

R

ⓇR	46
Ⓡ̌ (R with V)	81
RAD	68,74
RAUM	141
RAV4	142
RDDP	68,69,75
RE	75
RE-ECI	75
REGIUS	142
REQLMA	118
RE制度	75
RE設変	75

S

Š̌	82
S.I.A.P	232
SAGS	114
SC	203
SCA	87
SCION	135
SCTM	222
SE	21,89
SEGAMI	215
SEQUOIA	136
SIENNA	136
SIM	219
SKD	76
SMAP	127
SMR	76
SMS	25,93
SMS-BR	105
SOARER	137
SOBEPAT	215
Sofasa	196
SOLARA	137
SOLUNA	137
SPARCS	99
SPARKY	136
SPTT活動	90
SSP	76
STCBL	234
STEIA-SARL	215
STM	218
STND	230
STRETCH	83
SUCCEED	135
SX	173

T

Ⓣ	46
T&K	219
T-Bel	207
T-COM	128
T-COM-D	128
T-UP	120
T-VIS	80
T-Wave	103
TAA	119
TABC	190
TABJ	158
TABT	218
TACOMA	137
TAD	207
TAF	204
TAG	205
TAM	185

TAP	220
TAPG	194
TASA	196
TASC	211
TASCAL	128
TASS	128
TATS	228
TAW	228
TBA	208
TBEG	208
TBI	228
TBP	210
TBS	227
TC	215
TCA	199
TCCI	195
TCCM	99
TCCS	79
TCHAMI	215
TCI	194
TCL	198
TCS	150
TDA	216
TDB	186
TDC	79, 152
TDG	204
TDK	205
TDM	216
TDP	198
TDPR	194
TDV	196
TE	213
TE&TC	228
TEAL	213
TECS	79
TEMS	76
TES	206
TFA	229
TFAG	206
TFAP	222
TFF	210
TFNZ	229
TFO	204
TFR	204
TFS	150
TFSCZ	210
TFSDK	210
TFSF	209
TFSI	210
TFSN	210
TFSSA	217
TFSSW	209
TFSUK	209
TG	161
TGB	207
TGCL	216
TGN	99
THS	91
TICO	157
TiI	208
TIME-b	94
TIME-d	93
TIME-t	94
TIME-w	94
TIRS	99
TIS	77, 100
TJAC	223
TKAP	224
TKG	209
TKM	186
TLG	209
TLPL	234

TLT	227
TM-SA	216
TMA	181
TMAP	184
TMC	149
TMCA	220
TMCC	195
TMCI	184
TMCL	232
TMCZ	206
TME	201
TMEM	182
TMEX	194
TMF	211
TMG	189
TMH	149,205
TMI	208
TMIP	202
TMK	149
TMKR	232
TMMAL	190
TMMBC	193
TMMC	192
TMME	182
TMMF	183
TMMI	191
TMMIN	185,219
TMMK	190
TMMNA	181
TMMP	201
TMMT	225
TMMTX	192
TMMWV	191
TMP	220
TMPL	206
TMPS	195
TMR	77,232
TMS	77,181
TMT	185
TMUK	183
TMV	220
TNL	216
TNR	205
TNS	105
TNZ	231
TOPAS	128
TOPIAS	100,103
TOPICS	100
TOPPS	101
TOS21	101
TOWNACE	137
TOYOACE	138
Toyota Utility Vehicles	143
TOYOTASA	233
TPCA	183
TPCE	211
TPS	11
TQ-NET	102,124
TQC	80
TQCN	128
TRB	78
TRUCS	102
TS	78
TS³ CARD	116
TSA	212
TSAB	207
TSAM	186
TSC	102
TSE	151
TSI	151
TSIN	129
TSM	200

TSOP	61
TSR	151
TSV	200
TTC	187
TTC-PLY	187
TTC-Sacrament	188
TTCAP	229
TTCC	224
TTCUSA	187
TTFC	223
TTL	213
TTMC	184
TTME	223
TTPI	229
TTT	227
TTTL	199
TUNDRA	138
TUV	143
TVO	129
TVSS	80
TZAM	216

U

U-ALC	105
U-Car	120
UMWT	218
UMWTC	229
U・TIME	86
UTS	233
UVIS	114

V

V-Comm	90
VBS	115
VEROSSA	132
Vibrant Clarity	111
VICS	129
VIOS	131
VISTA	139
VITZ	132
VLT	78
VMF	78
VOF	70,79
VOLTZ	132
VOXY	132
VVC	143,170

W

Ⓦ	46
W-IPS	104
WARP	103
WE	91
WILL CYPHA	143
WILL VS	143
WILLサイファ	143
WINDOM	132
WISH	132

柴田　誠（しばた　まこと）
1960年生まれ。大学卒業後、トヨタと取引関係のある会社に入社。現在、トヨタ担当として愛知県在住。

トヨタ語の事典

2003年9月20日　初版発行
2006年5月10日　第6刷発行

著　者　柴田　誠　©M.Shibata 2003
発行者　上林健一

発行所　株式会社 日本実業出版社
東京都文京区本郷3-2-12　〒113-0033
大阪市北区西天満6-8-1　〒530-0047
編集部　☎03-3814-5651
営業部　☎03-3814-5161　振替　00170-1-25349
http://www.njg.co.jp/

印刷・製本／図書印刷

この本の内容についてのお問合せは、書面かFAX（03-3818-2723）にてお願い致します。
落丁・乱丁本は、送料小社負担にて、お取り替え致します。

ISBN 4-534-03642-6　Printed in JAPAN

下記の価格は消費税(5%)を含む金額です。

トヨタ発 新産業革命

水島愛一朗　　定価 1575円 (税込)

世界に先がけて発売したハイブリッド車で、世界市場の9割を占めるトヨタが今、その技術を軸とした環境対応技術で世界的な主導権を握ろうとしている。トヨタが目指す新・産業革命の全貌に迫る。

《業界の最新常識》
よくわかる情報システム＆IT業界

新井　進 編著　　定価 1365円 (税込)

いまや時代をリードする巨大産業となった「情報システム＆IT業界」。その歴史から、代表的企業の成り立ちと概要、業界の勢力図までを徹底解説。注目の業界の最新情報と今後の動向がすぐわかる。

《業界の最新常識》
よくわかる放送業界

河本　久廣　　定価 1365円 (税込)

業界を取り巻く環境の変化から各社の動向、テレビ・ラジオ界で活躍する各職種・仕事のしくみまでを、わかりやすく解説した決定版ガイド。変わりゆく放送業界の"いま"と"これから"が見えてくる。

《業界の最新常識》
よくわかる医薬品業界

野口　實　　定価 1365円 (税込)

業界の特殊性、知っておきたい法律や規制、主要企業の最新動向、業界の問題点と課題など、医薬品業界の最新事情をわかりやすく解説。この業界に関心のある人すべてに役立つ決定版ガイド。

《業界の最新常識》
よくわかる食品業界

芝﨑希美夫・田村　馨　　定価 1365円 (税込)

業界の最新事情から、成り立ちやしくみ、各業種の勢力地図・実力比較、直面する課題と将来の展望までを、やさしく解説。知りたいことがギッシリ詰まった食品業界のベストガイドブック。

トヨタの「カイゼン伝道師」が現場を甦らせる!

水島愛一朗　　定価 1575円 (税込)

「トヨタ生産方式を一般企業の製造現場にまで広く普及させる」という目的で設立された「OJTS」は依頼企業の何に着目し、製造現場をどう変えていったのか。「カイゼン伝道師」のノウハウを凝縮!

定価変更の場合はご了承ください。